日高敏隆

動物たちはぼくの先生

青土社

動物たちはぼくの先生　目次

プロローグ

I

科学の「常識」 73

II

III

動物たちはぼくの先生

プロローグ

打ち込んではいけない

高校を卒業する君たちへ、などと今さらあらたまって何をいったらよいのだろうか？

ぼくが高校を卒業するときを思い出してみると、それほど特別な感激はなかった。ただしぼくらの高校はいわゆる旧制高校だから、君たちの場合とはだいぶ様子がちがう。そのころは高校の数も少なかったし、高校生はもうかなり一人前の人間とみられていたから、ずいぶん無茶苦茶なことをしても、今、君たちが世間からすぐいわれるように、ほら少年の非行だの暴力だのとさわがれることもなかった。年齢的には一つか二つしかちがわないのだから、ずいぶんおかしな話である。だいたい今は、先生が高校生を子ども扱いしすぎるのだ。そして生徒のほうも子ども扱いされることに慣れてしまっている。だから、さて高校を卒業するにあたって、などとまじめに考えこまねばならぬ人もでてくるのだろう。

けれど、君たちがまもなく高校を卒業することはたしかだ。卒業したらどうするか、もうみんな考えている。大学へゆく人もいる。大学へいこうと思っているが、まだいけるかどうかきまっていない人もいる。一方では、大学なんかだれがゆくか、と思っている人もいるし、ほんとはいきたいのだけど、いろいろな事情でいけない人もいる。もう卒業後のしごとがきまっている人もいれば、まだしごとを探している人もいる。そういうさまざまな君たちにむかって、いったい何をいったらいいのだろう?

ぼくが高校生のとき、父は失業していた。それでぼくはアルバイトに家庭教師をやっていた。もらったお金をぼくの小遣いではなくて、家計の足しにした。ときどき、生徒の家で給料日なのにお金を用意するのを忘れていたりすることがあると、ぼくは電車賃の足りない分を二時間も歩いて帰った。

それでも高校生のころというのは元気なものだ。昼間、学校では、生物部にいて中学生、小学生、はては幼稚園の生徒たちの「指導」をしていた。中学生の女の子たちの指導をするのが、もちろんいちばん楽しかった。

「指導」のためにはいろいろな本を読まなくてはならなかった。英語の本や、ときには無理をしてドイツ語の本まで読んだ。なけなしの金をはたいて、フランス語の私塾にもいった。かわいい女の子が教わりにきていたからである。夜は家庭教師の帰りに、場末の安い安い映画館で、入替えなし三本立ての洋画を見た。外国語の勉強という名目だった。家庭教師の収入をふやしてもらうために、複式簿記を勉強して、そのお店の帳簿つけもやった。

ずいぶん無駄みたいなことをやっていると、そのときは思っていた。ぼくは大学へいって動物学をやろうと思っていたから、もっと勉強に専念できたらいいのにと、お金持ちの友だちを羨《うらや》みもした。

けれどあとになって、どうもそうではなかったらしいことに気がついた。そのころ経験したいろいろなことが、案外なところで役に立つのである。たとえばとるに足らないといえばそれまでだが、ふと話をかわした人と、家庭教師の話題でたいへん意気があい、楽しい思いをすることがある。またたとえば、この原稿を書くネタも少しはある、というように。もしぼくが勉強ひとすじにできていたら、そしてあとは遊ぶことだけに時間を使えるという生きかたを、高校やその後にすることができていたら、今ごろはどんな寂しい人間になっていたことかと思うのだ。

何といっても若いときは元気がある。できるだけさまざまな経験をするのがよい。しごとでも勉強でも遊びでも、何かひとすじというのは絶対に損だ。恋愛またしかり。一人の女や一人の男に熱中して、その人と結婚してしまったりしては絶対にいけない。世の中はいろんな男や女がいることがわからなくなる。一つのことに打ちこむことは、人間を貧しくすることだ。絶対に一つのことに熱中してはいけない。

I

バーチャルと「実感」

1 石器時代としての大学

今から何万年、何十万年前かよくわからないが、われわれ人間が地球上に現れたころ、人間はおそらく百人、二百人という集団をなしていたのだと思われる。

体に何の武器ももたぬこの人間という動物はそれ以外に生きる道はなかった。一人、二人や、数人の家族で暮していたら、えものを狩ることも、敵から身を守ることもできず、到底、生きのびて子孫を残すことはできなかったろう。

そのような人間の集団は、雨風をしのぐために、洞穴などに住み家を求めた。そこではたくさんの家族が、それぞれの場所を占めながら、いっしょになって暮していた。

そこで生まれてくる子どもたちは、もの心がついてくると、あたりにたくさんの人間を見ながら育つことになる。

そのたくさんの人間たちの中には、自分と同じ年ぐらいの子どももいたし、もう少し大きい兄さん姉さん格のもいた。父親、母親のほかに、大人の男、女もたくさんいた。年とったおじいさんやおばあさんもいただろう。

その中で子どもたちは、こういういろいろな人間たちを見て、いろんなことを学んでいったにちがいない。男の子だったら兄さん格の人々のすることを見て、ぼくもいずれはあんなふうにするのだなと思ったろう。大きくなってもあんなことはするまい、と思ったかもしれない。女の子だっておなじことだ。

男の大人は父親と必ずしも同じキャラクターではない。母親とは性格のちがう女の大人もたくさんいる。みんな父親とも母親ともちがい、互いにもそれぞれちがっているが、男の大人、女の大人であることに変わりはない。それらの人々がどのようにつきあい、どのように振る舞うか、子どもは好奇心にあふれて見守り、いろいろと知ってゆくことに喜びをおぼえていったにちがいない。こうして子どもたちは、人と人とのつきあいを学びとっていったのだと思われる。だれも子どもを「教育」しようとはしなかったし、学校もなかった。子どもたちはさまざまな年齢とキャラクターの人々の中で、自分で「育って」いったのである。

今、「核家族」と「学校」の時代の中で、人間に備わったこの遺伝的プログラムは、どうにもうまく進行しない。団地の部屋のドアを閉めたら、そこにいる大人の男は父親だけ、大人の女は母親だけ、一人っ子だったら兄さんも姉さんもいない。子どもはいったい何が学べるのか？

大学には一回生から四回生、大学院生まで、そして若い先生から年寄りの先生まで、事務職員にもさまざまな人がいる。それぞれ年齢も経験もキャラクターもちがう。ある意味では石器時代にも似た大学のこの状況こそ、大学のもっとも重要な意味なのではあるまいか？

今年の四月、事務職員へのあいさつと、入学式の学長訓示との中でぼくのしゃべったことばである。

2 塩

イギリスの「ネイチャー」と並んで世界の超一流学術誌であるアメリカの「サイエンス」一九九八年八月十四日号に、THE (POLITICAL) SCIENCE OF SALT、「塩の（政治的）科学」という九ページにもわたる異例に長い記事を発見して、ぼくは思わず関心をそそられた。ポリティカルということばがカッコに入っているのにも気をひかれた。

これはいわゆる学術論文ではなくて、ゲーリー・トープスという編集者による「ニュースの焦点」欄の記事であるが、要するに、「塩は高血圧の原因だから（長生きしたかったら塩の摂取を差し控えよ」というアメリカ政府筋の勧告と、いや必ずしもそうではないという見解との間に、何十年にもわたってつづいている論争を、歴史的に述べたものであった。

一読してぼくはつい思い出してしまった。戦争中、塩がなくてどんなに苦しかったかということを。戦争も末期、秋田の山中に疎開《そかい》していたぼくらは、配給も途絶えたままに、塩の貯えが尽きていた。米もない。米どころ秋田といったって戦争中のことだ。しかたなく農家からキャベツや、太いキュウリを分けてもらい、それを主食にしていた。生で食べて腹をこわしたら終わりだから、茹《ゆ》でて食べる。しかし、味をつける塩がない。塩を入れていた紙袋をなべの水にひたし、その水を蒸発させて、なべの底にほんのり白く結晶した塩を、みんなで指先につけてなめた。小学校のとき教わって何のことか理解できずにいた、上杉謙信が山国の敵将・武田信玄に塩を送ったという美談の意味が、やっとわかった。

その後、世の中は変わった。塩は今、悪者である、十何年前、アメリカへいったとき、それを実感した。塩、つまり塩化ナトリウムのナトリウム（英語でソディアム）が血圧に悪いというので、それこそあらゆる食品、あらゆる調味料が塩ぬき、つまりソディアム・フリーである。食べものがあまりに味気ないので食卓塩を買ったら、これもなんとソデイアム・フリーであった。もちろん塩の味はしない。

アメリカは必死になって悪の元凶である塩を抹殺しようとしているように思えた。悪いけれどぼくは、かつて「諸悪の根源」であるユダヤ人を抹殺しようと躍起になったナチスの面影をほうふつとさせてしまった。

そして今、この「サイエンス」の記事である。塩と血圧の関係についての各界権威たちの、いろいろなニュアンスで対立する見解が、時代を追ってくどいまでに紹介されている。

もちろんこの記事は、どちらが正しいなどという結論は下していない。中立的な科学者が、利用可能なデータに照らして、塩の摂取に関する諸勧告を見直すことが必要だと述べているだけである。タバコの禁止と販売も含めて、何でもアメリカに従うのが進歩的であるらしい日本だが、あまり単純に表面だけを真似するのはやめたほうがよい。

3 翻訳

「翻訳」というと誤訳の話かと思われるかもしれないが、ここで問題にしたいのはそれとはちがうことである。

ぼくはこれまでにかなり多くの本を書いているが、翻訳もたくさんある。動物学などという、少なくともそのころはどうにもならない学問をやっていた大学院生時代には、翻訳ぐらいしか収入を得る道がなかった。だから出版社から話があれば、すぐ引き受けて翻訳した。その結果、フランス語、英語、ドイツ語、ロシア語の本を、それこそ手あたり次第に訳すことになったのである。

それはじつに割の悪い、しんどい仕事であった。忙しい中で半年もかかって一冊訳すと、本になるのはその半年後。印税がもらえるのはそのまた半年後。おまけに三万円かそこらの印税が何回かに分割されて支払われた。天災と印税は忘れられたころに来る、といってぼくは笑っていた。

次々に翻訳をすることによって、この問題は、何とか乗り切ったが、困ったこともおこってきた。

訳している本の中には、ぼくが何としても承服できない論を主張しているものがあった。訳した本の間で、論旨が相反する場合もあった。いっていることはわかるのだが、展開のしかたがいかにも拙劣で、ぼくだったらもっとうまく書くのに、と腹が立ってくるものもあった。

読者からは当然、このようなことを批判された。「先生はあんな主張に賛成なんですか?」「この著者にほれ込んで訳してるのかと思っていたら、その次にはぜんぜん逆の思想の人の本を訳している。節操がないですよ」「もっといい訳本を期待していたのに、なんですかあれは。まわりくどくて、ぐたぐたしていて。もう少しすっきり訳して下さいよ」。その他、その他。

そうしたお叱りのことばに出会うたびに、ぼくは当惑した。それなら、いったい翻訳とは何なのだ?

出版社からたのまれたものを次々に引き受けたからといって、ぼくは自分が興味のもてぬものの翻訳を引き受けたことはない。自分が賛成であるのかどうかはべつにして、これは面白い考え方だと思えなかったものは断っている。

ぼくが翻訳を引き受けたのは、世界にはこんな考え方をしている人がいるということを、日本人に紹介したかったからである。ぼくがその考えにほれ込む、ほれ込まないなどは論外である。それは読者が決めることだ。

自説の展開のしかたにしてもそうだ。ぼくだったらこう表現するのにと思ったって、原著者はちがう展開のしかたをしているのだ。いやでもそれに従うほかはない。

こういう考えを、こういう展開で述べている人が世界にはいる。それは文化の問題であり、個人の発想の問題でもある。それをできるだけちゃんと伝えるのが翻訳なのではあるまいか？少なくともそれは訳者の節操の問題ではない。ぼくがローレンツの翻訳をし、そしてその後、それとまったく反対の説を唱えているドーキンスを訳しているのもそのためである。

4

集中管理

今年は異常だとか何とかいっているうちに、さすが十一月。京都でもめっきり冷え込んできた。

だれでもこの季節になると、夕方にはオフィスの部屋にちょっと暖房を入れたくなる。そこで空調スイッチに手を伸ばす。

ところがそれがだめなのだ。集中管理とやらいう方式で、暖房は十二月一日までは入らないようになっている。

そこで多くの立派なビルの部屋には、昔ながらのガス・ストーブが置いてある。建物も新しく、近代的な管理のゆきとどいているビルほど、こんなことになっているらしい。

いよいよ十二月になると、暖房がはいる。こんどはどんなに暖かい日でも部屋はがんがん暖められる。少し暑すぎるからといって窓を開けようとしても、これがまただめだ。近代的なビルの窓は絶対に開かないようになっている。温度調節はすべて空調でおこなうという現代ハイテクの神話のためである。

夏の冷房にしても同じことだ。外は半袖シャツでしか歩けない。けれどオフィスの部屋に入ったら、まもなく寒くさえなってくる。それではというので空調のスイッチをハイからローにする。だが要するに同じことだ。ハイとかローというのは温度のハイとかローではなく、風力の強弱の意味だからである。温度はぜんぜん変化しない。

そこで、省エネのために冷房は二八度にしようということが勧告される。けれど二八度という温度は冷房といえるのだろうか？

照明についてもまた同じ。ほとんどだれもいないフロアーの全室にこうこうと電灯がつき、空調が入っている。あるいは夜になると、一定の時刻になると空調はプツッと止まってしまい、あとは寒いか暑いかのどちらかの世界になる。ハイテクはどこへいってしまったのだろうか。だいたいこんなことが流行りだしたのは、かつてセントラル・ヒーティングとかいうものが話題になってからである。

火鉢やこたつの時代ではないというので、オフィスの大きな部屋用の強力なガス・ストーブなどが出回った。たいていの場合、それは部屋の天井をやたらと暑くするだけで、足元は冷え込むばかりだった。

そのうちに送風機構も工夫されて、冷暖房は一変した。昔のことを考えると、夢のようである。技術の進歩の目ざましさに、あらためて驚きと尊敬の念を禁じえない。

けれど技術のこの進歩の中で、どうも生身の人間にはなじまないものも生まれてきてしまった。それが集中管理の方式である。

巨大な建物のすべてをボタン一つで操作するのは、技術にとっても、管理者にとっても一つの夢であったかもしれない。けれどそれは、現実の人間から離れた、かなり貧しい夢であったような気もする。

5　木の葉の形

いよいよ寒さを感じる日々が多くなり、今年も落ち葉の季節になった。道にも庭先にも、赤く色づいた落ち葉が散らばり、見上げれば木々の枝先はすっかり淋しげになっている。

地上に落ちた葉に目をやると、なんとさまざまな形があることか。丸っこい葉、細長い葉、それも先が尖《とが》っていたり、切れこみがあったり。カエデのように五つに分かれた葉もあるし、それも木によって大きかったり、小さかったり、この木の葉がこんな形をしているとは、恥ずかしながら今まで、つい気づいていなかったことも多い。

なぜ木の葉には、これほどさまざまな形があるのだろう。思い思いにという以外に、ぼくはその表現を思いつかない。

植物が光合成によって生きていることは、今さらいうまでもない。そのために植物は、できるだけ葉を広げて、太陽の光をできるだけたくさん浴びるようにしているのだと、小学校のとき教わった。

だから植物はできるだけ平たい、大きな葉をつけ、それらが重なりあったりしないようにしているのだとも教わった。木々が一生けんめい枝を伸ばし、樹冠を広げるのもそのためだと教わった。

ぼくはそれで、なんとなくわかったような気になっていた。

でもあらためて見てみると、そんな説明ではすまないような気がしてくる。木の葉の形の多様さはいったい何のためなのだ？

できるだけよく日光を浴びるためになら、おそらくは丸い葉っぱがいちばん効率が良いにちがいない。ではなぜヤナギのように細長い葉っぱの木があるのか。

それはたとえ嵐がきても、柳に風と受け流すためだ。ある本はぼくにそう教えてくれた。たしかにそれも一理あるかもしれない。ではなぜ松葉のように、針のように細くて、しかもけっしてしなやかでない葉があるのか。

キリの葉っぱはかなり厚ぼったくて大きく、強い風に吹かれたら、抵抗が多くて、いいことはなさそうだ。ヤツデの葉っぱはもっと硬いが、その名のとおり深く切れこんでいる。ホウノキの葉はやたら大きく頑丈《がんじょう》だが、餅《もち》を包むのに使われるためにそうなっているわけではもちろんなかろう。

こんなふうに考えていくと、だんだんよくわからなくなってくる。

木の葉ばかりではない。道ばたにはえている数々の草の葉だって同じことだ。小さい葉っぱ、大きい葉っぱ、ギザギザのある葉っぱ、すらりとした葉っぱ。これまた草の種類によって思い思いの形である。

ひとつだけはっきり言えるのは、木や草の葉の形が、できるだけたくさん日光を浴びようという、効率の良さの追求だけの産物ではなかろうということである。

6 「情報」って何？

今さらいうまでもない。世は情報の時代である。情報とコンピューター。近ごろはインターネットや電子メールも日常のことになって、そういうものを使わないと、まことに時代おくれのようになってしまった。

けれど、「情報」っていったい何だろう？

京大には最近、文学部博物館と並んで自然史博物館ができることになった。多くの関係者の長年の努力がやっと実って、本当にうれしく思っている。

実現の途中にいろいろなことをいわれた。「博物館なんて要するに標本の置場でしょう？貴重な植物標本といったって、要するに枯れ葉の山じゃないですか。こんなに進んだ時代なんだから、情報をみんなコンピューターのデータ・ベースに入れておけば、標本なんていらないじゃありませんか」

おいおい、ちょっと待ってほしい。今考えられる情報はたしかにみんなとりだして、データ・ベースにいれることはできる。けれどいまは考えてもいなかったような情報が欲しくなることもある。

昔は植物標本からＤＮＡをとりだしてどうとかなんていうことは、考えも及ばなかった。今は化石からＤＮＡを抽出してジュラシック・パークを作ろうという時代になった。これも現物の標本あってのことである。コンピューターのデータ・ベースの情報からＤＮＡをとりだすことはできない。

「情報」にはそういう意味がある。つまり、必要になったものが情報なのであって、関心のないものは、少なくともその人にとっては情報ではないのだ。

そんなことを思いながら駅で新幹線を待っていると、妙なことに気づく。

大学が滋賀県の彦根にあるので、新幹線では米原である。米原に停車する新幹線は、昔は一時間に三本あったが、かつてのダイヤ改正以来二本になってしまった。上り、下りとも「ひかり」が一本、「こだま」が一本である。その時間にきちっときまっているので、それはもう覚えている。しかし夜になると不規則になる。そうなると、ホームにかけ上がってみてはじめて、この時間には思っていた列車がないことに気づく。では次の米原停車のは何時何分なのだ？　これがさっぱりわからないのである。

今度来る列車の停車駅は表示されているからわかる。だがそのあとの列車に、停車駅の表示はない。示されているのは、自由席が何号車から何号車ということだけである。これはぼくにとって何の意味もない。

ある夕方、東京駅で一瞬愕然としたことがある。これは米原にとまると確信してホームにかけ上ってみたら、その列車の表示は何時何分新大阪行と書いてある。そしてその下に、停車駅は新横浜、名古屋。えっ、米原にとまらないのか！　そしたら右の欄外に、「名古屋から先は各駅停車」と示されている。

これでは知らない人にはわからない。名古屋から先、新大阪までには、岐阜羽島、米原、京都という三つの駅があるというべつの情報がなければ、意味をなさないのである。情報の時代などといえたものではない。

7　予言の年

今年は西暦一九九九年、ノストラダムスの大予言の年というので、去年からそのことがいろいろと話題にされていた。

「予言」という問題をテーマに特集を組んだ雑誌も少なくない。たとえば、月刊「言語」の二月号「予言の構造」。「私たちの心には、予言を信じてしまうような心理システムが基本的に誰にでも備わっている。それは心理の欠陥ではなく、日常生活を送る上で欠かせないものである」という菊池聡氏の「予言のレトリック」はとくにおもしろかった。

それはぼくの専攻である動物行動学の分野でも、予知とか予言とか予察というような問題がいろいろあるからである。

かつてぼくはアゲハチョウの「蝶道《ちょう》」のことを研究していた。アゲハチョウの飛ぶ道がどうも定まっているように思えたので、いったい彼らはどういうところを飛ぶのかと何年にもわたって調べてみたのである。

その結果わかったことはきわめて単純で、チョウは日の当たっている木の葉に沿って飛ぶという、ただそれだけのことであった。けれど、道路に沿って木がどこに生えているかは定まっているし、一日のうちの時間帯によって日の当たりかたも定まっている。そこでチョウは「定まった道を飛ぶ」ことになるのだった。

それがわかったので、ぼくらは「予言」をやってみた。道のむこうにチョウの姿が見えたら、そのチョウがその後、どこを飛ぶかを予言するのである。チョウはほとんどぼくらの予言したとおりのルートに沿って飛んでいった。

ぼくらの予言は、もちろんチョウには伝わっていない。したがって、これは菊池氏のいう意味での「予言」ではない。むしろぼくらがチョウの行動を「予知」しただけである。

けれど世の中には、たとえばナマズが地震を予言するとかいうたぐいの話がたくさんある。ナマズは地電流の変化を感じるらしいので、地震を予知する可能性はあるのだが、カイコが何匹か平行に並ぶと、間もなくどこかで地震があるともいう（池谷元伺『地震の前、なぜ動物は騒ぐのか』NHKブックス)。

軒先にツバメがたくさん巣をかけると、その店は繁昌するという話もある。ツバメは店の盛衰を予言するというのだ。

実のところはちがうらしい。ツバメはスズメに子育てを邪魔されるので、スズメのことを嫌っている。一方、スズメは人間を避けようとしている。繁昌している店にはたくさんの人が出入りする。だからスズメは嫌がって近寄らない。そこでツバメがたくさん巣をかける。つまりこの「予言」は予言ではなくて結果なのだ。

けれどツバメのこの話は、昔は広く信じられていた。人々は店の繁昌を祈ってツバメを大切にした。やはり人間には、「予言」を信じてしまうような構造があるのだろうか。

8 アクセントの誇り

「只今《ただいま》と只今の間」という小文を、たしか京都新聞のコラムに書いたのは、もう何年か前のことになる。

鉄道の駅のホームで電車の到着をアナウンスするとき、関西では「只今、○号線に到着いたします電車は、特急大阪行きでございます」のようにいう。ところが関東では、「只今、○番線に到着いたしました電車は…」という。要するに、「只今」という語が、関西では近未来を示すのに対して、関東では現在完了を意味しているらしい、ということである。

このようなことばの意味の微妙なニュアンスのちがいは、よく気をつけてみれば、地方によってたくさんあるだろう。その土地、土地のいわゆる方言でなく、標準語を用いていてもそれがあるということが、ぼくには大変おもしろく感じられる。

そのどちらが正しいか、というような問題ではない。これはその地方、地方でのことばのアクセントの一種なのだろう。それがそれぞれの地方の文化の微妙なちがいによって生まれていることが、ぼくにはとても大切なことのように思われるのだ。単語そのもののちがいや発音におけるアクセントは、いわゆる訛《なま》りである。かつて訛りは恥ずべきものであった。日本は一民族一言語であるというとんでもない誤解から、日本全土を標準語化しようとする、猛烈な努力が払われた。とくにいわゆる進歩派の人々や、学校やNHKは、これに熱中していたような気がする。

その「効果」あって、今の日本はどこへいっても標準語である。ある年代より若ければ、たいていの人がアクセントのないきれいな標準語をしゃべる。漫才、落語、CM、そして一部テレビドラマの関西弁を除いて、「公共」の場では標準語を使うという、まさに一民族一言語の官製スタイルが定着してしまったようである。

それによって、たしかに意思の疎通は楽になった。けれど、京都弁に憧れてやってきた観光客は、京都地下鉄の味もそっけもない標準語のアナウンスを聞かされる。価値の多様性などということがいわれはじめたころ、たとえば沖縄の八重山語など日本の多くの方言はほとんど消滅してしまった。そしてその訛りも。

ロング・ロング・アゴー（Long long ago）という日本でもよく知られた歌がある。「語れめでし真心、ロング・ロング・アゴー」というかなり乙女チックなあの歌の最後に、たしかこんな歌詞があった――Still to your accents/I listen with pride. 試みに訳してみれば、「今なおあなたのことばの訛りに、誇りをもって私は聞き入る」。ぼくはこの歌詞が好きだ。

こういうさりげない、しかし心温まる誇らしげな気持ちを、日本人は味わえなくなるのであろうか。

9 子どもにとって教育とは何か

この春ぼくは、『ぼくにとっての学校』という本を講談社から出版した。小学校のとき以来、大学、大学院に至るまで、ぼくにとって学校というものがいったいどんな意味をもっているのかということを振り返ってみることから始まって、教師の責任論、かつてこの欄にも書いた「石器時代としての大学」論（一七ページ）、遺伝的プログラムとの関連における学習論・文化論など動物行動学の認識に基盤を置いた視点に立つ教育論を展開してみたかったからである。

学級崩壊とかいうことばも作られ流布されている現在、教育や学校の惨憺《さんたん》たる状況とその再生を願う本は数多く出版されている。文部省をはじめ、教育に関わる機関や学会、団体も必死の努力をしているし、識者たちの提言もつぎつぎとなされている。

岩波書店がすでに一九九七年十月に出版した四二〇ページを超す『教育をどうする』(子どもたちの悲鳴が聞こえてくる。社会が何かヘンだ)には、三一六人の識者たちが、私ならどうするという意見を述べている。

このような教育論は山ほどあり、みな真剣に「真の教育はいかにあるべきか」を論じているのだが、それらを機会あるごとに手にして目を通しているうちに、ぼくはあることに気がついて愕然《がくぜん》とした。

それはそのどこにも、「子どもにとって教育とは何か」が論じられていないことであった。

今、教育はいかにあるべきかと論じているのはすべて大人である。教師であり、文部省であり、教育委員会であり、企業であり、親たちである。つまりいわゆる社会である。そしてこの人々が教育しようとし、教育せねばならぬとしているのは子どもであり、生徒であり、学生である。

では、早い話が子どもにとって教育とは何なのだ、という視点はほとんど完全に欠落しているのだ。

何年か前、このことに疑問をもったぼくは、新潟県での教育シンポジウムで、「子どもにとって教育とは何か」という話をした。子どもたちは自分を教育してほしいとは思っていない、子どもたちは自分の人生として生きながら、自分にとって関心のあることを、自分で学びとっている、それは彼らにとっては教育でも勉強でもなく、たのしい遊びであるという主旨だった。これがどのように受けとられたかはよくわからない。

最近、友人から聞いた話である。小学校で昔の遊びを教育する必要があるということになった。そこで先生は授業としてベーゴマだかメンコだかの遊びかたを教えた。授業時間終わりのチャイムが鳴ったとき、生徒たちが手をあげてこう聞いた――「先生、もう遊んでもいいですか？」

ぼくは、『ぼくにとっての学校』の副題を「教育という幻想」としておいたが、これはまちがってはいなかったと思った。

10 ノンスモーキング・フライト

この八月の上旬、ギリシアへの旅で、ぼくはまずエール・フランス（フランス航空）機でパリへ向かった。

去年からの通例で、この飛行機もノンスモーキング・フライト、つまりパリまでの全区間、全機禁煙で、タバコの吸える席はない。

離陸に先立っての機内放送でもその旨のアナウンスがあった。けれど離陸後の放送では、ぼくの期待していたとおり、それにつづいて、「ただしタバコを吸われる方のために、喫煙場所を設けてある」ことがつけ加えられた。

エコノミー・クラス用のそれは、飛行機の最後部にあった。乗務員の詰めている場所の片側をカーテンで仕切り、客席との間もしっかりカーテンで仕切った定員六名の狭い空間ながら、そこにはちゃんと灰皿が置かれ、タバコを吸うことができるようになっていた。

ぼくはこれを確かめてほっとした。延々とシベリアの上を飛んでヨーロッパまでの約十二時間、絶対にタバコが吸えないというあの恐怖感はなくなった。ふと吸いたくなったらここへくればよい。どういう仕掛けかよくわからなかったが、煙はすうーっと天井へ吸いこまれていき、他の客への気兼ねもいらない。

やたらとタバコ嫌いなアメリカから始まったと思われるノンスモーキング・フライトは、アメリカの国内線から国際線へ、そして日本の国内線へもと、世界じゅうに広がっていった。多少のためらいだか抵抗だかを示した航空会社もあった。たとえば日本国内線では、日本航空が飛行時間二時間をこえる線を除いて全機禁煙だったとき、全日空と日本エアシステムにはわずかながら喫煙席があった。けれどその後、すべての国内線はノンスモーキングになり、やがていかに長距離かにかかわらず国際線も世界にならってノンスモーキングになった。アメリカ方式が「グローバル・スタンダード」になったのである。

かつてぼくが乗っていたエール・フランス機内で、「やっぱりタバコ嫌いな人が多いのかな?」と話しかけたら、そのスチュワードはこういった。「それは機内でタバコを吸うと器械が汚れてその対応に金がかかるからだよ。アメリカが禁煙、禁煙というから会社はそれを利用しているだけさ」。これは納得のいく説明だった。

いずれにせよ、他人に迷惑をかけてまで自分の好みを主張することはできない。世の中でこれは当然のことである。けれど一つのことを善とし、それにそわぬものを悪と断じて一律にものを規定することもまた、近代社会の姿ではない。これほどハイテク技術の進んだ時代なら、それをうまく使って人々の多様な好みに対応するべきではないのだろうか? さもないとナチスと同じことになってしまうのでは?

関空を発って六時間ほどのち、エール・フランスの喫煙場所で一本のタバコを吸いながら、ついこんなことを考えてしまった。

11

地震

このところ地球上は災害つづきである。

八月半ばすぎにトルコで大地震があったかと思うと、まもなくこの活断層の延長線上ともみえるギリシアのアテネ北部でまた地震。そうこうするうちにアメリカ合衆国東部の猛烈なハリケーン。テレビで見るだけでも恐ろしい惨状だから、それぞれの現地ではさぞすさまじかっただろう。

ハリケーンのニュースがほぼ消えたと思ったら、台湾の大地震。神戸を上まわる規模の強烈なものだったそうで、テレビはその破壊のあとを次々と示してくれる。

もう三十年近く前であるが、ぼくは台湾を短期間旅行したことがある。台中から山のほうに入った哺里でも二、三日過ごした。名勝といわれる近くの日月潭《たん》にもいった。今度の地震の震源地集集はそのあたりである。テレビで見る哺里の町はすっかり新しくなって昔の姿ではなかったが、道路わきの建てものが原形もとどめぬほど崩れ落ちた姿に、ぼくは息もとまるような気がした。「あのときの人々はどうしているだろう。旅舎（ホテル）の近くで知りあったあのかわいい「ピンキーちゃん」。日月旅舎、木生昆虫館。

集集には台湾固有の動物を集めた特有動物研究所ができたと聞いている。今は日本にいる京大での元教え子から電話で聞いたところでは、研究所員の消息はまだまったく不明とか。

そしてテレビは次に、台風の沖縄那覇の映像を写しだす。よく知っている大通りの街路樹が、無惨に何本も根こそぎ倒れている。今の時点でもうすでに各地で犠牲者も出ているし、今後の被害の大きさが思いやられる。

けれど考えてみると、太古以来、人類は何度すさまじい自然災害を経験してきたことか。その度に多くの人々が命を落とし、嘆き悲しみ、塗炭《とたん》の苦しみを味わう。そして幸いにも生き残った人たちがまた生活を建て直す。いくたびこれを繰り返してきたことであろうか。

自然災害のたびに、その一部は「人災」だということがいわれる。けれど基本的にいえば、このような自然災害に対して人間は無力なのだと思わざるを得ない。

戦争中の原爆や空襲は明らかに激烈な人災であった。そしてこれに対しても人間は無力であった。

今、世界のあらゆる場所で、このように激烈ではない人災がじわじわと進行している。その状況や原因がわかっているものもあれば、わかっていないものもある。そこに災害が生じていることに人間がまだ気づいていないものも多かろう。人間は自然災害に対しては無力かもしれないが、自分たちがさまざまな形で、生み出している人災に対しても無力であってはならない。

しかし今までの事例を見ていると、これは言うに易《やす》いが、おこなうに難《かた》いことのようにみえる。

12 「よろしかったでしょうか?」

「……でよろしかったでしょうか?」という言いかたが使われだしたのは、まだそれほど前のことではない。

ぼくがこの言いかたに最初に気づいたのは、関西だった。そのころ関東ではこの言いかたには出会わなかった。だからぼくは、このことばは関西独特のものかと思っていた。

「……でよろしかったでしょうか?」というのは昔からある言いかたで、それ自体何もおかしなところはない。「このようにしておきましたが、それでよろしかったでしょうか?」というのは、ごくすなおな文章である。

けれど、喫茶店やレストランで勘定を払うにあたって一万円札を出したとき、「一万円からでよろしかったでしょうか?」と言われると、一瞬たじろぐ。

一年ぐらい前だったたか、「京都では『よろしいですか?』のことを『よろしかったですか?』と言うんですか」と東京の人に聞かれたことがある。東京人にはふしぎなことばに聞こえたらしい。

ところがそれから二ヵ月も経たぬころ、ぼくは東京のある喫茶店で、注文を確認するウェイトレスに「レモンティーとケーキでよろしかったでしょうか?」といわれてびっくりした。この表現はもう関東にも広まってきているのだ!

今ではこの「よろしかったでしょうか?」は、どこへいっても聞くことができる。ぼくの印象では、はじめこれを使っていたのは若い女の子だった。それがたちまちのうちに広まって、今では男までがこれをいう。新しい言葉使いの始まりとその広がりかたの典型のように思える。つまり、若い女たちの間で始まって、若い男、中年の男と広がっていくパターンである。

ぼくは大学で若い学生たちと話す生活をずっとしてきているから、新しい表現にはあまり抵抗を感じない。一時流行した「チョベリバ(超ベリーバッド、つまり最悪)」のように「超」なんとかという表現も、平気で講義のときつかっていたくらいである。

けれどこの「よろしかったでしょうか?」にはいささか当惑を感じることがある。それは、「よろしいでしょうか?」というべき文が、あっさりと過去形になってしまうからである。

たとえばある人からきたメールにこう書いてあったとする。「――この件はこのように致しますが、よろしかったでしょうか?」という質問なのか、「このようにしましたが、それでよろしかったでしょうか?」という確認なのかわからないのだ。

いちばん驚いたのは、電話でホテルの予約をしたときだった。「何月何日、シングル一部屋承りました。こちら池上と申しました」。

世界じゅう、ことばはどんどん変化しているけれど、現在形あるいは未来形と、過去形とがこのように入り混じってしまう例は、それほど多くないような気がする。

13 「伝統」論議

もう十二月だというのに、京都にはたくさんの観光客の姿がみられる。今年はずっと暑さがつづいて、紅葉の季節もおくれたからだろうが、とにかく皆、伝統の古都、京都を味わいにきてくれた人々である。

ところで、この「伝統」って何だろう? かつて、京都市役所が中心になって何年かにわたって開かれた京都市経済活性化懇談会という会議で、このことが長い間、熱心に議論されたことを思いだす。

議論のはじまりは、「伝統に根ざした京都の活性化」ということであったように記憶している。

「伝統に根ざした」、「伝統を重んじた」ということばは、はじめは何の抵抗もなく使われていた。けれどそのうちに、「いったい伝統とは何なのだ?」という疑問が、会議メンバーたちの間に生まれてきたのである。

そして大変興味ぶかい議論が展開された。今、その議事録が手元にないので、とりあえず、ぼくがしゃべった暴論だけを例にあげておこう。

たとえば平安神宮である。あれは明治時代の産物だから、ごく新しいものだけれど、とにかくこのわび、さびの京都によくまああんな朱塗りの神社を建てたものだ。できた当時はおよそ伝統とかけ離れた建てものだったのではないか？　けれど今、あれはまさに京都の平安神宮である。金閣寺だって同じことかもしれない。

京都の古い町並みの美といわれる格子戸と犬矢来。あれだってもともとはきわめて実用的なものだったのではないか？　つまり、度々おこる内乱のときに、武士たちの放つ矢が家に飛びこんでこないために、目のつんだ格子を張って家を守ったのかもしれない。そして武士が家の中に乱入してこないよう、滑って登れない犬矢来をめぐらしたのかもしれない。一説によれば、犬が軒下に糞尿をしないよう、矢来で防いだのだともいう、それが今では伝統の美になった。それはもちろん、当時の京の人々にすぐれた美意識があったからであるが、いずれにせよそれはきわめて実用を目指したものであったのだと思う。

今は郷愁のおもかげになってしまった市電にしてもそうだ。あれは当時の外国を知った人々の新しもの好きのスノビズムにすぎなかったのかもしれない。とにかく外国には町に電車が走っている。京都にも走らせてやろう。でもそれには電気が要る。そんなことで、日本初といわれる市電と水力発電所が京都に存在することになったのではないか？

このような議論が次々とでてきて、じつに画期的な「伝統論」がくり広げられた。二、三年後に出版されたこの会議の報告書には、これが次の一行にまとめられている——「伝統は絶えざる創造によってのみ維持される」。

14 ユニヴァーシティ・ミュージアム

このところ、いくつかの国立大学で大学博物館の設立が認められるようになった。喜ばしいことである。京大にも立派な自然史博物館ができることになり、今その建物の建設が進んでいる。

京大に自然史博物館を、という動きが始まったのは、もう二十年以上も前のことである。けれどその必要性は学内でもなかなか認められず、計画書が作られたまま実際の進展はなかった。

それでも大学にはユニヴァシティ・ミュージアム（大学博物館）が必要だという声は、次第に賛同をえられるようになっていった。そこで今からかれこれ十年前、京大自然史博物館をつくろうという動きがまた始まった。それは一つには京大に立派な文学部博物館ができたからでもあった。

けれどこの文学部博物館も、じつはその前に文学部資料館があったからできたようなものだった。それは博物館ではなくて、立派ではあるがやはり資料館にすぎなかったようである。つまりそれは組織という点から見れば単なる壮大な物置であって、博物館には不可欠な職員は認められていなかったからでる。

そもそもユニヴァーシティ・ミュージアムの意義はどこにあるのか？　なぜ大学に博物館をつくらねばならないのか？

当時ぼくがもっていた考えは、次のようなきわめて単純なものであった。

つまり、大学のいろいろな研究室には、研究のために集められたたくさんの資料がある。それは動物や植物や鉱物の標本であったり、古生物の化石であったり、農作物の品種の資料であったりする。それらはいずれも、貴重な国費を使って集められたものだ。もしこれを失ったり、散逸させたりしたら、それはまさに国費の無駄使いに他ならない。納税者に対してそんなことをしてはならない。だからちゃんと大学博物館をつくってそれらの資料を保管し、将来にわたって活用していくべきなのだ。

この考えがどこまで認められたか、ぼくにはわからない。

博物館に関していちばん多くもたれているらしい疑問は次のようなことだ。なんで枯れっ葉（植物標本）や石ころ（鉱物や化石標本）をとっておく必要があるんですか？　情報はコンピューターのデータ・ベースに入れておけばいいじゃないですか？

だが、今は思いもつかない情報が必要になったときは、どうしても現物が要る。早い話が、かつては考えもしなかったＤＮＡの情報が、古い植物標本から得られているではないか。

かつてあるとき、当時、国立民族博物館の館長であった梅棹忠夫先生が言われたことばがじつに印象的であった。「博物館はがらくたをたくさん集めておけばいいのや。見る人が見れば、がらくたがしゃべりはじめますねん」

15　空と地上

忙しいスケジュールに追われる哀れな人間の例にもれず、ぼくの旅はいつもごく短くせわしないものにならざるを得ない。今回のバンコックへの旅もそうだった。

けれど旅に出ると、そのごく短い時間の中で、きわめてたくさんのことを感じ、考えることができる。その一つはこんなことだった。

関空を飛び立ったタイ国際航空機が、東シナ海、南シナ海と飛んでいく間、眼下は一面に厚い雲で、期待していた海や島などまるで見えなかった。しかたなく仕事をしていたら、タバコが吸いたくなった。しかし、今の流行通り、全機禁煙のノンスモーキング・フライト。酒を飲んで眠るほかなかった。

しばらくして目がさめて、時計を見ると、飛行機がそろそろ東へ向きを変え、海を離れてインドシナ半島上空に向かうころだった。思ったとおり、飛行機はぐっと右へ曲がった。するとたちまちのうちに雲はなくなり、眼の下にインドシナ半島の姿がはっきりと見えた。

航路図によれば、そこはベトナムのダナン。かつてのベトナム戦争での激戦地である。とたんにぼくは思い出した。もう何十年か前、ベトナム戦争の真っ最中、たしかフランス航空機でこの同じ場所を飛んだことを。はるか下のダナンのアメリカ軍基地とおぼしきあたりからは、黒煙が上がっているのが見えた。

そのとき機内は昼食の時間だった。ぼくはフランスのワインを手にしながら、茫然とした気持ちで地上を見つめていた。今、あの地上では人々が必死で戦っている。何人もの命が失われている。そのはるか上空を、ぼくらは酒を飲みながら飛んでいるのだ!

ぼくは飛行機というものの恐ろしさをしみじみと感じた。

今、ダナンは平和である。黒煙などどこにも見えなかった。時が経ったのである。

かつての東京大空襲のときもそうだった。照空灯はB29の姿を明々と照らしだす。巨大な爆撃機は、悠々と飛びながら、焼夷弾をばらまいていく。

けれど、照空灯に照らしだされたB29は、ガラスのように輝き、この上なく美しかった。そして、日本の高射砲は、どうやらそこまでは届かないらしい。もちろん、迎えうつ日本の飛行機はいない。

悪魔のように美しいB29が次から次へと空を過ぎ去っていったあと、地上はどれほど悲惨な状態になっていたことか。

今、日本国内を飛行機で飛ぶとき、ぼくらはそんなことは思い出さないし、思い出す必要もない。けれどたまたまベトナムのダナンの上を飛んだとき、ぼくはあらためて飛行機の恐さを思わざるを得なかった。それは落ちるとか、ハイジャックされるとかいうことではなく、地上の人間の生活のことを忘れさせるということである。

16 新京都駅のふしぎ

京都駅が新しくなってもう何年かになる。

最初はその全体的デザインについて賛否がやかましく論じられたけれど、今はそれも静まったようだ。新京都駅はすでに、良かれ悪しかれ一つの存在として、京都に生きはじめているといってよい。これがどのような今後をたどるかが、京都の文化であり、伝統なるものであろう。だからぼくは、今ここで新京都駅の美醜《びしゅう》についてあらためて論じようと思っているわけではない。それはたとえば京都タワーと同じことで、京都の文化がきめていくことである。

ぼくがずっと気になっているのは、近代都市の中の一つの機能的存在としての新京都駅にみられる、ふしぎな不便さである。

まず、七条側の正面入り口のやたらな暗さだ。夜になったら、ここに大京都のいわば玄関があるということなどわからない。誇張していえば人の顔もさだかでないほどの暗さ。かつての羅城門もかくやと思わせる、気の滅入るような雰囲気である。

機能もデザインのうちだというのがぼくの持論なので、ぼくにはこの暗さがずっとふしぎに思えていた。が、かつて京都市の発行している広報紙にこのことを書いたら、削除してほしいと依頼された。

新京都駅のふしぎさの二つ目は、公衆トイレについてである。いうまでもなく、生身の人間にとって、トイレは不可欠な存在である。ところが新京都駅にはそのトイレがごくわずかしかない。そしてどこにあるのか、きわめてわかりにくい。

たとえば、駅舎の北側から南側へ抜ける通路。旧駅舎にはこれがなかったので著しく不便だったから、このフリーの通路は大いにありがたいのだが、この目抜き通りにはトイレがない。そして、ちょっと奥まった場所につつましく設置されているトイレの何という狭さ。これだけの数の人が利用する巨大駅にしては、と首をかしげざるを得ない。出入りする通路も人とぶつかる幅しかない。

じつはこのようなトイレの構造と配置は今に始まったことではなく、京都のそれこそ伝統的なものである。昔から京都ではトイレというものに対して何か偏見をもっていたのであろうか。トイレと並んでもう一つ。京都駅のメインな通路には、ごみ箱のたぐいがほとんどない。プラットホームで捨て忘れたごみは、どこに捨てたらよいのかわからない。

さらに七条側中央口には郵便のポストが一つもない。京都駅で出そうと思っていた手紙を東京までもっていってしまうことがしばしばである。駅員さんに尋ねたら、いつも、「向こうの中央郵便局のところまでポストはありません」という返事だった。

世界に誇る文化のまち・京都には、美も伝統も歴史も必要だが、そこに生きている生身の人間のための機能もなくてはならないのだ。

17 バーチャルと「実感」

今年も早や六月。木々の緑もすっかり濃くなった。

春の花の盛りは過ぎたとはいえ、通る道すがら、いろいろな花が咲いている。少し北の土地では、野山はまだ色とりどりの花の季節だろう。

そういう花たちを見ていると、ぼくはついフォン・フリッシュのことを思い出してしまう。蜜《みつ》集めから帰ってきたミツバチが、巣の中でダンスをし、その踊りかたによって仲間に蜜のある場所の方向や距離を知らせるという、有名なダンス言語を発見して大きな話題を呼び、のち一九七三年に、オーストリアのコンラート・ローレンツ、オランダ生まれイギリス人のニコ・ティンバーゲンとともにノーベル生理学医学賞を受けたドイツの動物行動生理学者カール・フォン・フリッシュのことである。

フォン・フリッシュが研究生活に入った一九一〇年代のころには、ドイツのある偉い生理学者の研究にもとづいて、昆虫には色が見えないと信じられていた。フォン・フリッシュはそれに強い疑いを抱いた。――もし昆虫に色が見えないのなら、野に咲く花のあのとりどりの色には何の意味があるのか？

彼は辛抱づよい実験にとりかかった。ある色の紙の上には砂糖水の入った皿を置き、他の色の紙の上には空の皿を置くというようにして、ミツバチがある色と他の色とを見分けているかどうかを綿密に調べていったのである。

結果はフォン・フリッシュの思ったとおりであった。ミツバチはちゃんと色を見分けていた。つまりミツバチには色が見えていたのである。

けれど、その色はわれわれ人間の色とはちがっていた。ミツバチは黄色、青緑、青をべつべつの色として見ていた。黄色とただの緑は混同した。そしてその後の研究によって、ミツバチはこれら三つの色の他に、紫外線を独自の色として見ていることもわかった。

昆虫は紫外線が見えること、しかも昆虫はそれを「紫外色」ともいうべき特別の色として見ていることは、今ではだれでもよく知っている。けれど、このことがわかったのは、フォン・フリッシュのきわめて素朴な疑念からであった。

この紫外線の話は、ぼくにはまたべつの関心を呼びおこす。いうまでもなく、われわれ人間には紫外線は見えない。紫外線だけで照明した部屋に入ったら、ぼくらは暗黒と感じる。昆虫が見ている「紫外色」という色がどんな色なのか、ぼくらには実感もできないし、想像もできない。理論的にいかに説明されても、他の色に置き換えて見せられても、それは所詮今流の「バーチャル」にすぎない。

このバーチャルばやりの時代にあって、そして、とんでもないことを「実感してみたかった」という犯罪がおきている時代にあって、われわれは「実感」ということのもつ意味を、もう一度考え直してみる必要がありそうだ。

18
「きれい」の意味

七月になった。あちこちの団地の自治会では、恒例の草取りが始まったことであろう。ある日曜日の朝、町内いっせいに出動して、道ばたや小さな公園の草を抜く。昼近く、抜いた草の山はポリ袋に詰めて、ごみ集積場に積まれ、人々はごくろうさまといって帰っていく。毎年の夏の初め、日本のどこの町でも見られる光景である。

何のために草を抜くか?　町をきれいにするためである。

それはわかる。昔から、やえむぐら茂れるやどの淋しさに、というような歌があるとおり、草が生い茂っているのは淋《さび》しく恥ずかしいことなのだ。

けれどもう三十年も前になるだろうか、ぼくは「草取りの思想」という一文を書いたことがある。

人間が自然に手を加えて、家やコンクリートの団地や道路で固めた中に、それでもけなげに生えてきて、小さな花を咲かせている草を、何で根こそぎみな抜きとってしまうのか？　草の花にはどこかでやっと育ってきた小さなチョウが無心に訪れて、みつを吸っており、草の葉の上にはかわいらしいテントウムシがちょこちょこ歩いている。町じゅう総出の草取りは、草もろともこういう虫たちも一網打尽にしてしまう。そして草取りを終えて人々は、「近ごろは自然が無くなりましたねえ」などといいながら、家へ帰っていくのである。

「草取りの思想」の中でぼくがいいたかったのは、こんなことであった。

それから約三十年。草取りはいまだにおこなわれている。何かといえば、環境、環境、環境にやさしく、といわれるようになった昨今に至ってもである。

町をきれいにするのはもちろん結構なことである。だれだって汚い町には住みたくない。けれど、「きれい」とはどういうことだろうか？

たとえば「きれい」なものの一つに芝生がある。この雨の多い日本で、乾燥地に生える芝を美しく保つにはたいへんな手間が要る。田畑に作物や野菜のよく育つ日本では、草もよく生え、よく伸びる。芝生にもすぐいろいろな草の種子が飛んできて生え、花を咲かす。

彦根の町なかにある学長校舎の庭の芝生でも同じことだ。ぼくは芝生の手入れをあえて断って、草が生えるに任せておき、あまり大きな草だけを抜くことにしている。すると、芝生には、じつにさまざまな可憐な草が生え、小さなかわいい花を咲かせる。ネジバナ、スズメノテッポウ、ハハコグサその他その他。しかも年とともに草の種類も数も変わっていくのである。今年は美しいネジバナのピンクの花が去年よりずっとふえた。それは自然の移り変わりであり、それを眺めるのはぼくにはとても心和《なご》むことである。

いわば外来の芝生の中でたくましく小さな花を咲かしているこれらの草の大部分は、昔から日本に生えていたものだ。これらの草たちと、緑一色でチョウもテントウムシもこない芝生と、どちらが「きれい」なのだろうか?

チョウのいる状況

1　科学離れ

子どもの科学離れが叫ばれてすでに久しい。教育関係者は何とかそれに歯止めをかけようと必死になっている。けれど事態はあまり変化しているようには思えない。

科学離れは子どもや若者に限ったことではないらしい。朝日新聞社が出している一般向け科学雑誌「サイアス」が休刊ということになった。思ったほど売れなかったのが、その主な理由である。

「サイアス」はかつての「科学朝日」のあとをついで創刊された。「自然」、「科学読売」、そして「科学朝日」などの亡きあと、一般読者向けの新しい科学雑誌として、大きな期待を寄せられていた。しかし今また、しかもかなり早々と、休刊、つまり廃刊という同じ運命をたどることになった。

一般向けの科学雑誌は日本でなぜ売れないのであろうか?

かつて、アメリカの「サイエンティフィック・アメリカン」が日本で訳され、同誌の日本版「日経サイエンス」として華々しく登場した。原版の「サイエンティフィック・アメリカン」は、アメリカでは一般読者にたいへん好評で、何十万部もの売り上げを誇っているという話であった。しかし日本版「日経サイエンス」は、とてもそのようにはいかなかった。日本の人口はアメリカの半分くらい、そして知識度も高いのだから、アメリカの半分は売れてもいいはずだが、売り上げは期待よりはるかに少ないままであるらしい。

一般向け科学雑誌の不振といい、子どもや若者たちの科学離れといい、しばしば識者たちの間で口にされるとおり、日本人は科学にあまり関心がないのだろうか?

ぼくにはどうもそんなことではないように思える。問題は、科学というものについて、型にはまった、きれいごとの議論しかなされてこなかったことにあるのではないだろうか?

競作・噴版《ふんぱん》『悪魔の辞典』(平凡社)の中でぼくは、科学とは「主観を客観に仕立てあげる手続き」だと定義した。これはおよそ「不真面目《ふまじめ》」な定義と思われるかもしれないが、同じ意見の人がいないわけではない。つまり「科学」のおもしろさは結果ではなくて、手続きすなわちプロセスだということである。

たとえばぼくは、『チョウはなぜ飛ぶか』(岩波書店)のあとがきに、「この本でぼくは研究のすばらしい成果ではなくて、研究とはいかにつまらない、くだらないことをするものかを書きたかった。けれど、これはきっとこうではないか？と思いながら調べていくのはとても楽しかった」というような文章を書いている。

このようなプロセスを抜かして、「科学」の成果だけを「わかりやすく」、「ビジュアルに」示されても、人はすぐに飽きてしまうだろうし、子どもたちの興味もすぐよそへ向いてしまうだろう。

手品がおもしろいのは、「どうしてあんなことができるのだろう？」という気持ちが湧いてくるからである。「科学をわかりやすく教える」のでなく、科学なるものについて、もっと根本的に考えてみる必要がある。

2

鳥と町と環世界

地球温暖化だ、暖冬だ、といいながらも、一月になったらさすがに寒くなった。だが鳥たちは平気で空を飛びまわったり、冷たい水で泳いでいたりする。それは鳥たちの体温が人間より高いからだとか、暖かいダウンがあるからだとか聞けば、何となく理解はできる。

けれどずっと昔からぼくがよくわからないのは、木も林もない町の中を飛びまわっている鳥たちが、町をどう思っているのだろうかということである。

京都にも大阪にも東京にも、町の中にたくさんのカラスがいる。彼らは何の屈託もなく建物の上を飛びまわり、ときどき建物の一隅にひょいと舞いおりる。まるで林の木の枝に舞いおりるのと同じである。

いわゆるコンクリート・ジャングルの大都市には、残念ながら緑の木も林もない。けれどカラスたちは、かつてぼくが書いたとおり、そんなことを気にしているようにはみえない。

少し前、あの大都会のニューヨークに、人の近づけぬ断崖を棲み家とするあのハヤブサがたくさん住みついたということが話題となった。彼らはニューヨークの超高層ビルの窓ぎわなどに巣を作り、町にたくさんいるハトをえものにしているのだそうである。

考えてみれば、高層ビルの窓ぎわのでっぱりは、断崖絶壁のちょっとした岩棚と同じことだ。どんな動物も近寄れない。ハヤブサにしてみれば、ニューヨークの高層ビルは断崖絶壁の島なのである。そして餌としてはたくさんのハトがいる！

同じようなことは、ニューヨークに限らず、世界のあちこちでおこっているそうだ。日本でもハヤブサが住みつきはじめた町があるという。そして話はハヤブサだけではない。いろいろな動物が思いもよらぬところでふえだしている。

動物たちにとって、「環境」とはそういうものなのだ。つまり、物としての環境ではなくて、その動物が意味を与えている世界としての物なのである。

これはかつてドイツのJ・ユクスキュルが唱えた「環世界」（ウムヴェルト）の問題である。いわゆる環境としては緑の林とはまったくちがうコンクリートの町を、同じ環世界と認めて平気で住みつける鳥もいる。けれどそうではない鳥もいる。物としては同じ町が、鳥によってまったく異なる環世界となっているのである。

「だから客観的な環境というものはない」と主張したユクスキュルの「環世界説」はあまりにもカント的だとして、「科学」の世界では評価されなかった。

けれど今の時代になってみると、彼のこの考えかたはきわめて重要な意味をもっていることがわかる。環世界という立場を忘れて「環境」を論じることはもはやできないからである。

3 こたつと凧

近ごろ、昔のものが再評価されることが多くなってきた。単になつかしいというだけでなく、昔の道具、家具その他、それぞれなかなか合理的なところがあったというのである。

これはたいへん喜ばしいことである。かつてのひところのように、古いものはみんな捨てて、新しいものにとびついた、今から思えば何か浅ましくて恥ずかしい時代にくらべると、人々はずっと落ち着きをとりもどし、成熟してきたようにみえる。

けれどときどき、でもこれでよいのかなと、ふっと考えこんでしまうときがある。

この間もある人から、昔のこたつの効用を聞いた。炭火を置いてこたつやぐらをのせ、その上にふとんをかけてもぐりこむ昔のこたつは、足が熱くなるほど温まり、頭は寒い。つまりいわゆる「頭寒足熱」になるから、体にはとてもよいのだ、とその人は力説した。

たしかにそうかもしれないが、それにしても昔のこたつは不便だった。中はぽかぽかと温かく、一度入ったらもう出たくなくなる。温かいのはこたつの中だけで、部屋は寒いからである。


こたつに入って本を読んだり宿題をやっていると、たちまちにして手が冷えてくる。といっても手をこたつの中へ入れたら、本をめくれない。不精をして両手はこたつの中へ入れ、口でページをめくった記憶もある。口とか顔は手より寒さに強いんだなと、妙なことにあらためて気がついて感心したりしながら。

戦後になってもこの状況はあまり変わらなかった。古来から火鉢、こたつという生活様式の中で過ごしてきたぼくらには、朝鮮のオンドルの話や、北海道ではストーブで部屋じゅうを温かくしているという話は、まさに話の域を出なかった。

そんなころ、ぼくはたまたま近くに住んでいた立川基地勤務のアメリカ人の家へ遊びにいった。広い部屋の一隅には石炭ストーブが置かれ、扇風機何台かが家のあちこちにうまく配置されていて、ストーブからの温風を家じゅうに送っていた。もちろんこたつなどはなかったけれど、家の中はほんわりと温かかった。冬の家の中の扇風機に、ぼくはひとかたならぬ印象を受けた。

昔のものはやっぱり不便だったのである。それをぼくらはがまんして耐えていた。だからひとたびお金ができ、器械ができると、とたんにそれにとびつく。こうして文明は進んできた。それは人間がやはり何かにつけて不便を感じ、便利さと快適さを求めているからである。

しかし人間は一つの、できるだけ機能の多い器械を設置することに熱中しがちのようだ。扇風機で風を送るという発想は、今もあまり見かけたことがない。夏の風通しにはたいへん神経を使っている京都でも、である。

4　様式

近ごろテレビを見ていてふと気がついた。どこかの島や遠い土地への旅行記のような番組である。朝とか夕暮れとか、山々の上をものすごい速さで雲が流れてゆく場面が映し出されるのだ。

はじめはその美しさと雲の動きに深い印象を受けたが、あまりにしばしば同じような映像を目にしているうちに、感動も鈍ってきた。

もちろん雲がそんな速さで流れているわけではない。映像のスピードを変えてそういう効果を出すという手法である。

でもなんでいろいろな局のいろいろな番組で同じ手法がくり返して使われるのだろうか？番組を作っている人は、その番組ごとにちがうはずだから、みんな初めてその手法を使ってみたのだろう。けれど見ているほうにしてみると、何だまた同じ様式かとつい思ってしまわざるをえない。

かつてはテレビでスローモーションがよく流行《はや》った。物語の終盤で、主人公役の女の子が、喜びにあふれた表情で草原の中を走っていく。それがスローモーションになっているので、動きは不自然にのろい。音楽もそれにあわせてのろくしてある。

こういう画面は最初見たときはインパクトが強かった。けれどそれが流行になると、テレビのスイッチを切りたいとさえ思うようになった。

人間は新しがりやのはずなのに、様式というものはなぜこのように固定化するのだろうか？考えてみると、それぞれの様式によって、それが長つづきする期間は異なっている。

かつてソ連の映画監督エイゼンシュティンが、あの「戦艦ポチョムキン」でモンタージュ法という発想によって人々を驚かすと、この様式はたちまちのうちに映画の世界にとりいれられた。そして何十年ものちになって戦後に花開いたいわゆるイタリアン・リアリズムは、エイゼンシュティンの様式を十二分に使って人々を感動させた。一方、本家本元のソ連では、この様式は批判の対象となり、退屈きわまる映画ばかりがつくられていた。

人間が絶えず新しい様式を求めていることはたしかである。それは新しい様式が新しい発想によるものだからである。

しかし、その新しい様式の多くはしばしばすぐに固定化する。それがどのようなプロセスによるのかぼくにはよくわからない。とにかくそれは陳腐なものとなり、人に何の驚きも与えぬまま存続するのである。

そのようにして固定化した様式が、安易に「伝統」という美名で呼ばれるようになっていることもあるような気がする。

5　諫早《いさはや》とCO_2

ここしばらくの間に、いわゆる地球環境問題にかかわる二つの大きな出来事があった。

一つは九州・有明海でのノリの不作という事態であり、これと諫早湾の閉め切りとの関係が議論となって、水門を開けることや干拓工事中止も示唆されている。

もう一つはかつて京都のCOP3で同意された京都議定書、つまり地球温暖化の原因であるCO_2のような温室効果ガスの濃度を世界的に下げるため、各国が努力しましょうという同意書に、アメリカが従わないと言いだしたことである。

諫早湾について言えば、問題ははじめからあった。諫早湾を干拓して農地とし、イネなどの農業生産を高めたいという願望は昔からあった。山ばかりで平地の少ない九州にしてみれば、それは無理からぬことであって、現地の諫早でもずっと古い時代から、いわゆる地先干拓をおこなって農地を増やしてきた。しかしそれで干潟《ひがた》が消滅するということはなく、ムツゴロウも安心して生きのびてきた。

それをなぜ湾の沖合に堤防を作って湾を閉め切るという大げさなことを計画したのか？

食糧増産という錦の御旗があったことは想像できる。ＮＨＫの特別番組でも報道されたように、計画は慎重に何度も検討され、だんだんに当初の案より小規模なものになっていった。けれど米があまって休耕するという時代になって、しかも、お隣の韓国では湾の閉め切りはとんでもない結果を招くというので、多額の金を投じた閉め切り工事を中止したあとになって、なぜ決行したのか？　その間のいきさつには、改めて首をかしげるばかりである。

CO_2濃度削減について言えば、各国ははじめから総論大賛成でありながら、自国の経済レベルは下げたくないといっていた。今回アメリカはそれをはっきり表明したにすぎない。日本だって、木を植えるからとか何とか、あまり説得力のないことを言っている。では、太平洋の島国諸国が真剣に恐れている地球温暖化と海面水位の上昇という、いわゆる地球環境問題にどう対処しようというのだろう？

人間は愚かで先が見えないから、と言う人もいる。けれどそう言ってしまっては人間がかわいそうかもしれない。

人間は当初から自然と一線を画し、自然と対決しながら今の繁栄を築いてきた。人間の生存はもとより、その産業も経済も技術も科学も芸術も宗教も、いうならば人間の存在、つまり、良きも悪しきも含めてことばのもっとも広い意味での人間の文化はそこから生まれてきた。ではこれからもそれでよいのか？　今やそれを根本的に考えてみるべき時である。

6　チョウのいる状況

京都ってなんとチョウがたくさんいるんだろう。六年間勤めた滋賀県立大学学長の任期を終えて、再び京都へ戻ってきたこの四月、これが第一の印象であった。

「たくさん」というのは数が多いということではない。いろんな種類のチョウがいるという意味である。

四月からぼくが所長をしている国立の新しい研究所、総合地球環境学研究所の仮事務所は京大の北部キャンパスにある（当時）。

京大が用意してくれたこの仮住まいの前で、白い小さなチョウが目にとまった。モンシロチョウにしては小さすぎる。四月のこの季節ならツマキチョウだろう。思ったとおり、植え込みの中に咲いている小さな花にとまったのは、まさにツマキチョウのメスであった。

ツマキチョウは前ばねの先がふしぎな形に尖っていて、オスはその先端（つま）が淡いオレンジ色をしているが、メスは白いのである。

ツマキチョウはどこにでもいるチョウではない。滋賀県立大のある彦根の町の中でこのチョウは見なかった。町の大きさの問題ではない。彦根市は人口一一〇万少々だが、京都市の人口は一四〇万を超えている。京都は山が近いということか。でも彦根にも山はある。

このチョウの幼虫は野生のアブラナ科の草を食べて育つ。ハタザオという草がとくに好きらしいが、ナズナ（ペンペングサ）やイヌガラシ、タネツケバナでもいいそうだ。しかし栽培されたアブラナ科植物、たとえばキャベツやカブではだめである。植えられた植物ではなくて、自然に生えてくる草が必要なのだ。

近ごろはオオムラサキというチョウが人気を集めている。その名のとおり、大きくてオスのはねは美しい紫色に輝き、日本の国蝶にもされている。

昔は東京の世田谷あたりにもいた。今はごく限られた山地にしかいないが、世田谷はまったくの平地であった。残念ながら京都にもこのチョウはいない。彦根にもいなかった。

オオムラサキの幼虫はエノキの葉を食べて育つが、親はカブトムシと同じようにクヌギやコナラの樹液を食物にしている。京大にもエノキは何本もある。けれど樹液を出しているクヌギやコナラの木はない。

彦根では芹川《せりかわ》の下流の土手はずっとエノキである。けれど近くにはクヌギもコナラもない。ではクヌギを植えればよいのか？　クヌギだって好んで樹液を出しているわけではない。ボクトウガとかカミキリの幼虫に中からかじられたことの結果である。クヌギが育つことも必要だが、それを傷つける虫もいなければ、オオムラサキは住めないのだ。人間の技術によって美しい自然を作り出そうとしてもそれは幻想にすぎない。

7「ＥＳＳ」

二〇〇一年、第十七回京都賞の基礎科学部門（生物科学）の受賞者は、イギリス・サセックス大学のジョン・メイナード＝スミス名誉教授と発表された。授賞理由は「ＥＳＳ概念」の提唱。さてＥＳＳとは聞きなれない、と思われた方も多いと思うが、これがじつに卓抜な着想なのである。

現代生物学の認識によれば、生物たちは種族維持のために生きているのではない。それぞれの個体は自分自身の遺伝子をもった子孫をできるだけたくさん後代に残そうと懸命に努力しているのであって、その結果として種族も維持され、進化もおこってきたのである。そこでそれぞれの個体は、同類の他者を押しのけてでも自分自身の子孫を殖やそうと必死になっている。それはきわめて利己的な競争の世界である。

ところが生物たちは、他者と協力的に振る舞うこともまた多いのである。なぜか？その「他者」が自分の血縁者である場合については、かつて第九回京都賞を受賞したW・D・ハミルトンの血縁淘汰という概念で理解できた。しかし生物たちは、非血縁者の間でもしばしば協力的に振る舞うのだ。たとえば動物の大人のオスどうしがなわばりや順位をめぐって闘うとき、殺し合いは稀にしかおこらない。なぜか？

メイナード＝スミスは経済学などでよく使われていたゲームの理論という数学を導入した。勝つか大けがするまで徹底的に攻めるというタカ派的戦略で闘うと、相手を殺して勝てるかもしれないが、負けたら自分が殺されてもう子孫は残せない。それよりも、相手がエスカレートしてきたらすぐ引き下がり、攻め直すというハト派的戦略のほうが安全である。これなら殺し合いには至らずに勝敗がきまる。

けれどみんながハト派戦略をとっているところへ突然変異のタカ派戦略者がとびこんできたらどうなるか？　ハト派は次々に敗けて、タカ派の子孫が殖えていく。するとハト派が有利になる。その動物集団の戦略はタカ派、ハト派とゆれ動くことになる。

けれど調べてみると、動物のある集団が採用している戦略はいつも定まっている。別の戦略が入りこんできてもそれを追い払ってしまうような安定な戦略というものがあるにちがいない。それが「進化的に安定な戦略」(Evolutionarily Stable Strategy — ESS)という概念であった。闘いの場合、ＥＳＳの一つはブルジョア戦略である。「自分がなわばりの持ち主だったらタカでいけ、侵入者だったらハトでいけ」というこの条件つき戦略は、すべての動物が採用している。

メイナード＝スミスはＥＳＳという生物学的着想を精緻な数学的理論に組み上げた。ＥＳＳは今や経済学、経営学、そして政治学における重要な概念となっている。

科学の「常識」

1　Act of God

二〇〇一年九月のニューヨークでのあのテロ事件以来、アメリカの契約書には act of God とか Acts of God とかいうことばがやたらに多くなったような気がするという話を、たまたまかけたアメリカとの電話の中でしてくれた人がいる。

Act of God とは要するに「神の行為」、「神様のしわざ」ということだ。日本にはこれに当たることばはない。強いていえば「神事《かみごと》」とか「神わざ」なのかもしれないが、「神わざ」とは「まるで神わざのようだ」というように賞讃の気持ちをこめた驚きの表現である。英語の act of God にそういう意味はおそらくないであろう。とにかくぼくはこの話にいたく興味をそそられたので、早速そういう例を集めてほしいとたのんでおいた。

やがてその人から送られてきたものには、いろいろな種類の契約書があった。契約書というのは少々大げさで、要するに高級ワインの注文書とか、航空貨物の依頼状とかいうものだ。いうなれば宅急便などを頼むときの注文伝票のようなものである。しかしそこはさすが契約の国アメリカだけあって、契約の条件とか責任の負いかたなどがじつにこと細かに書いてある。その中に、問題のことばが含まれている。要するに「われわれは acts of God を含む事態には責任を負わない」ということだ。

残念ながらこれはあのテロ事件とは関係ないことがすぐわかった。英和辞典を見れば、Acts（あるいは act）of God とは、法律用語で「不可抗力、天災」であると書いてある。天災に対して責任を負わないのは、どこの国のどんな契約でも当たり前のことなのだ。しかしそこに God が出てくるところに問題があるとぼくは感じた。

日本では天災はまさに文字どおりだれのしわざでもない。まさに天から降ってきた不可抗力の災害なのである。だれを恨むわけにもいかない。

けれどそれが神のしわざだということになると、話はちがってくる。自分の信じる神のしわざなら諦めがつくかもしれないが、もしそれが自分の信じていない他の神のしわざだったらどうなるのだ？　当然そこへ怒りが向けられることになるだろう。今回のアメリカのアフガン空爆だってこの心情に支えられていることは明らかだ。昔から人間はそのようなことを繰り返してきたとしか考えられない。いつまでもそれを続けていって良いのだろうか？

こういう問題になると必ずのように一神教と多神教の議論が出てくる。けれどぼくには今年の一月、ある新聞での作家陳舜臣氏と宗教学者山折哲雄氏との対談で山折氏の言われた「(もはや)一神教対多神教という二元的な構図を引きずる必要はない」ということばが印象的だった。陳氏も「そう思います」と言われていたと思う。

2 「温暖化」?

この冬はたしかに暖かかった。札幌の雪祭りのとき、雪像が融けて骨組みが出てきてしまったという全国的な暖かさだったのだから。

かつての雪国でも、雪はこの十年ほどめっきり少なくなっている。ひところは、地球温暖化だと騒がれたけれど、今はなんだか暖かいのが当たり前のようになってしまった。

この異常な温暖化の原因が何か、まだはっきりとはわかっていないようだ。人間による二酸化炭素の放出が温暖化を助長していることはたしからしい。例の京都議定書も、全世界から集まった人々がこの点で合意したからできあがったものである。

けれど人間の活動に関わらない原因だってあることは、だれにも否定できない。地球上ではこの何十万年かの間にすら、いくつかの氷期と間氷期が交代してきた。地球上のいろいろな土地の温度も、さまざまに変化してきた。

ぼくは十年ほど前、国立極地研究所の計らいで北極圏スヴァルバール群島の一つであるスピッツベルゲン島を訪ね、そこでそのことを実感した。

スピッツベルゲン島は北緯七九度から八〇度、つまり地球上で北極点にもっとも近い島の一つである。ところがそこには石炭の炭鉱があって、上質の石炭が採掘されているのだ。石炭というのは大昔の樹木が長い間に地中で変化して生じたものである。つまりこの極北の氷河の土地は、今から何百万年か前にはうっそうとした緑の大森林であったということだ。現にこの島では、かつての大木の化石がたくさん出る。

今そこには氷河で覆われた鋭く尖った山々しかなく、気温も夏夏の七月二十日ごろでやっと零度そこそこにしかならない。

同じことはこの日本にもいえる。日本もかつては寒い草原であったり暖かい森林であったりしたらしい。恐竜がいたこともあったし、ゾウもいた。その後に人間が住みついてからも、気候はずいぶん変わったという。ある土地の気候は、この地球の長い長い歴史の中で、むちゃくちゃに変動しているのだ。生きものたちはそれに応じて変わってきたのである。

ただし、その変動は何万年、よほど大げさに考えても数千年という時間の中でおこったことであった。

残念ながら、われわれ人間にはそんな時間は感覚的には認識できない。人間の一生の六、七十年が限度である。

しかしわれわれの目にする生きものたちは、植物にせよ、たかが小さな昆虫にせよ、その何万年という時間の中の小さな、そして絶え間ない気候の変動にしぶとく耐えてじっと生きてきたのである。そのことをわれわれは片時も忘れてはならない。けれど何らかの理由で一度滅びてしまったものは、もう絶対によみがえることはない。それもまたたしかなことである。

3 田植えの季節

毎年この時期は、ぼくにとっては特別な季節のように思われる。日本に莫大な湿地が広がる季節だからだ。

湿地というのはいうまでもない田植え前の水を張った田んぼである。

水が一面に入って、苗はまだ植えつけられていない田は、突然に出現した池のように見える。夜、新幹線の窓から外の景色を見るともなしに眺めていると、え、こんなところにこんな大きな池があったっけ?と驚く。そしてすぐ、ああ、これは田んぼなんだ、と気づくのである。

日本の稲作もさまざまな歴史を経てきたけれど、苗代《なわしろ》をつくって種子を蒔《ま》き、育った苗を田に植える時期が、稲作のもっとも重要な問題の一つであったことはまちがいない。

その土地の気候と水の事情により、作るイネの品種により、そしてその年の気象や害虫発生の予想により、この時期はいろいろに変わる。

かつて何度も聞いた話だが、北アルプスの白馬岳を「はくば」と呼ぶのは間違いで、ほんとうは「しろうま」だそうである。この名は雪におおわれた山の形が白い馬に似ているからではなく、山頂に近い雪渓の一部の雪が融けて、馬の形の岩肌が見えてきたら「代《しろ》かき」つまり苗代づくりにとりかかれ、というところからきているとのことである。

白馬山麓の気候とその年の気象に見合ったこの代馬《しろうま》の出現にしたがって、山麓はまもなく湿地に変わり、やがて緑の田んぼに移っていったのだろう。

人の手によって生まれたこの湿地の出現は、カエルたちにとっても大切な時期である。春めいてきて少しずつ高くなってくる地温の変化に敏感に反応して地上に出てきたカエルたちは、枯草のかげでじっとこの時期を待っている。

いよいよ田に水が引かれ湿地が生まれると、カエルたちはいっせいにその水の中へ移動する。そしてオスのカエルたちは夜ごとに懸命に鳴きあって、自分の存在をメスにアピールしようとする。幸いにもメスに選ばれたオスガエルは、メスと連れだってこの湿地に子孫を残す。

しかしそれで万事めでたしなのではない。この湿地には他にもいろいろな動物たちがやってくる。それらの間でさまざまな争いや闘いが展開され、多くの命も失われる。そしてその中でイネは育っていく。強力な農薬が撒かれて、こういう動物たちがほとんど姿を消した時代もあったけれど、今はそれも少しは収まってきたようだ。

古くから日本を広くおおってきたこの人工の湿地は、日本の自然にとって大きな意味をもっていた。そのことにあらためて思いをいたさせてくれるこの季節は、本来の湿原を守ろうとするラムサール条約はもちろん重要だが、それだけに心を奪われていてはならないことを教えてくれる。

4 子どもの時間

二〇〇一年の春から、ぼくは京都に新しく設立された総合地球環境学研究所（略称、地球研）という国立の研究所の所長として、いわゆる地球環境問題の解決を目指す新しい道を探っている。

その一方、ぼくは同じく去年から、京都市立の青少年科学センターの所長（非常勤）として、子どもたちの理科離れを食いとめるのでなく、「理科好きの子どもを育てよう」という京都市の願いにも役立ちたいと思っている。

その一つの試みとしてぼくは、青少年科学センターが企画している「子どものための講演会」で話をすることにした。

全体のテーマは「昆虫のふしぎ」。少し気をつけていれば町の中でも目にすることのできる虫たちが、いったいどんな生きかたをしているのかを、子どもたちに話してみようというものである。

第一回目は「どうしてあんなに飛べるのか？」、第二回目は「昆虫って何を見ているの？」。子どもたちはとてもおもしろかったらしい。このあとは「昆虫も息をしているの？」「セミはなぜ鳴くの？」「昆虫は何を食べてるの？」とつづく。

この連続講演会をはじめたら、あらためて気づいたことがある。それは「こどもの時間」ということだ。

例えばいきなり「トンボの目は…」とか「ハエのはねは…」といわれても、子どもたちはすぐにはイメージできない。やはりその虫の写真を見せることが必要になる。問題はその見せかたである。

ふつうこういう場合にはスライドやＯＨＰやパワーポイントを周到に準備して、手際よく次々に投影して見せる。今はこういう便利な装備が発達しているから、洗練されたプレゼンテーションができる。

けれどこれはダメなのだ。子どもたちは完全に受け身になってしまう。先生の話を聞きながら、次々にでてくる絵をただ追いかけていくだけだ。そこでぼくは科学センターにある実物投影器を使って、本をめくりながら中の写真を見せることにした。

「トンボさんはどこにあったかな?」「ここかな? あ、ちがった」「このページだったかな?」「ちがう。じゃこっちかな?」「あった!」「ほら、これがトンボ。オニヤンマだね」そしてぼくは棒で指す。「これが目。複眼だよね」

これでいいのだ。

もちろんいくらかの時間がかかる。だがその間に、子どもたちは自分で探している。そしてぼくが「あった!」といって写真を見せたとき、子どもたちも「あった!」という実感を味わうのだ。

理科や科学の面白さは、自分で探して見つけることにある。それをなくしてしまったら理科好きの子が生まれてくることはおそらくけっしてないだろう。

5 灯《あか》りにくる虫

梅雨も明けて本格的な夏になると、夜、部屋の灯りに飛びこんでくる虫たちもふえる。彼らは電灯のまわりをしばし飛びまわって、電灯のかさや部屋の壁にとまる。

それはあまり愉快なものとはいえないが、ぼくはしばしばそういう虫たちに憐憫の情をおぼえてしまうのである。

これらの虫たちはそのほとんどが、メスを求めて夜の中を飛びまわっていたオスたちか、卵を産むべき場所を探して飛び立ったメスたちであるからだ。

夜の暗さの中に、ふと人家の電灯の光が射してくる。それを目に受けてしまった虫たちは、何としてもそちらに向かって飛ばざるを得ない。多くの昆虫でよく知られた、正の走光性という性質だ。

虫たちは自分たちに運命的にそなわったこの性質によって、吸い寄せられるように光に向かい、開いた窓から家の中に飛びこんでしまう。そしてそこから再び自由な夜の中へ戻っていくことは、ほとんど不可能になる。

人間の家の部屋の中で、同じ虫のオスとメスが出会うことは、まず期待できないであろう。部屋の中でメスが卵を産むべき植物を発見することも、まずあるまい。彼らは光のまわりで飛んだり、とまったりしながら、まったく無意味な時間を過ごすだけだ。

そのうちに夜も更け、灯りは消される。けれど窓も閉められ、カーテンが下ろされる。月明かりも星明かりもない真っ暗な闇の中では、虫たちは飛ぼうとはしない。

やがて朝がくる。朝の光は夜の虫たちには明るすぎる。まぶしくて動けないのである。虫たちは強すぎる昼の光の中で壁やカーテンにとまったまま、じっと長い一日をすごす。

やがて再び夜がくる。日が落ちて暗くなり、虫たちが飛び立つときになると、部屋には再び灯りがともる。そして虫たちは、またもやその光に吸い寄せられてしまう。

こうして、運悪くいったん家の灯りにひきつけられてしまった虫たちは、メスに出会うこともなく、子孫を残すこともなしに、短い一生を終えてしまうのだ。

虫たちがなぜ光にひかれるのか。長い間ぼくにはそれが疑問だったが、それを問うた科学者はいなかった。おそらくそれは、虫たちが林や茂みの下の暗い地上のかくれがから、空の星明かりをたよりにしつつ、なるべく早く茂みの表面という生活の場へ出ていくために生まれてきた性質ではなかったか。今ではぼくはそう考えている。

それはほんのりとした明るさに導かれて生き、子孫を残すためのものだったのであろう。人間の出現以前には、正の走光性というこの性質は、多くの虫たちを助け、生かしてきたにちがいない。

しかし人間がかくも強烈な光をかくも多数作りだしたとき、虫たちのこの性質は、彼らに悲劇をもたらすことになったのである。

6　視聴覚ホール

近ごろはたいていのホールに最新の視聴覚設備が備えられている。パワーポイントなどという技術も開発され、それらにしたがって講演を進めていけば、きわめてスムーズに、洗練されたプレゼンテーションをスピーディーに展開できる。

けれどぼくが先に述べたように（4「子どもの時間」）、これには困ったところがある。それは、話とともに新しい映像が次々に映し出されていくことによって、聞いているほうが完全に受け身になってしまうことだ。話の展開を追って自分でイメージを探り、次に出てくる映像を待ち受ける主体性を奪われてしまうのである。

しかしぼくはずっと前から、これとまったく反対のことも感じていた。それは、「最新」といわれる視聴覚設備のもつ固定性と非人間性である。

商売柄ぼくは「人間はどういう動物か」というテーマで話をすることが多い。

考えてみると人間とはずいぶん奇妙な動物である。本来は四つ足の哺乳類なのに、まっすぐ立ってしまっている。そのためには全身にわたる体のすさまじい大改造が必要であった。哺乳類とは「けもの」すなわち「毛物」のことであるのに、その一員である人間には体に事実上毛がない。なぜか？　等々。

ふつうの四つ足のけものがいきなりまっすぐ立ったらどんなことになるか？　頭は空を向いてしまうだろうし、内臓はみんなずどーんと落っこちてきてしまうだろう。

それを白板にポンチ絵を描きながら説明していくと、聞いている人々は自分で想像力を働かせていける。

しかしそこでまず困るのは、白板に絵を描くマジックペンが今なお昔のままで、じつに使いにくいことだ。

いずれにせよ、このポンチ絵に入る前に、四つ足のけものと直立した人間の実物の映像をスライドで映しておく必要がある。ところが視聴覚設備では、スライドのスクリーンは壁に組みこみの白板の手前に降りてくるようになっている。そして降りてくるには時間がかかる。ジーとかコツコツとかいう音とともに、スクリーンがしずしずと降りてくる。それを待っている時間は、想像力とはおそらく何の関係もない、無駄な時間である。そして次に白板に移る前、今度はスクリーンが上がっていくのをまたじっと、無感覚で待たねばならない。

直立から毛のない話に入るには、また映像が必要である。全部をパワーポイントに準備するか、ＯＨＰを使えばよいのだろうが、すでに描かれたポンチ絵にどれだけの迫力と共鳴感があるだろうか？

人間の感性のことを忘れてひたすら技術に走った視聴覚設備が、米原万里さんのいう「ゾンビ顔の若者たち」を生みだしたのかなとも思うのである。

7　台風の思わく

八月の十九日から三日間の夏休みをとって、家族で北海道へいった。ぼくはその一週間足らず前、研究所のしごとで、日本の最西端に近い沖縄・西表島《いりおもて》にいたので、今度は日本の最北の宗谷岬と礼文島へいってみようということになったのである。

ところが残念なことに台風13号がきてしまった。予報によれば日本の東の海上を東へ進むということだ。北海道は大丈夫だろう。

だが台風は高気圧に阻まれて北へ進路を変え、北海道はほとんどかぶってしまうことになった。おかげでぼくらの旅行は雨と風つづき。大雨の中ながら礼文の花を見られたのと、宗谷岬から運よくサハリンが見えたのがせめてもの救いだった。

そのだいぶ前から新聞には、恐い試みが報道されていた。世界の二酸化炭素を減らすために、海底八〇〇メートルのところに二酸化炭素を大量に注入し、冷たい海水で体積を減らして、そのまま封じこめてしまえないかという実験である。技術的には可能だというが、技術に頼ってまたそんな無理なことを！　そのあたりの生物はどうなってしまうのか？　ぼくは大変に不安だった。

幸いなことに、環境保護論者たちの反対で、この実験は中止になったらしい。けれど、技術的に可能であれば、あまり先のことを考えずに何でもやってみようという人間の業みたいなものは、いつになっても変わらないなと思ったことである。

とにかく今年の夏の気候には予期しないことが多かった。早くからきた日本の台風もそうであるが、ヨーロッパの洪水はひどかった。

といって世界全体に豪雨だったわけではなく、乾燥したままの地域には相変わらず雨は降っていない。

気象とか気候とかとはそういうものである。北極地域では氷河が融けて大幅に後退しているが、南極では必ずしもそうではない。海に流れ出る氷山が近ごろふえたというけれど、それもこれまで一定期間ごとにおこってきた現象であるともいう。

昨年九月十一日のニューヨークでのあの事件直後から、アメリカは世界を駆けまわってアフガン攻撃への支持をとりつけ、アフガン爆撃を強行したあげく自分の望む人をアフガンの大統領にした。

アメリカはこれで世界を支配したことになるが、それは各国のさまざまな思わくを巧みに利用することに成功したからであろう。

政治は相手の思わくとのかけひきである。しかし、自然には思わくなどというものはない。台風にも洪水にも、どこをどうしよう、どう支配しようなどという思わくはない。思わくとのかけひきの上に成り立っている政治と同じ感覚で技術が自然と対応したら、今後もとんでもない事態が次々におこりつづけることであろう。

8 科学の「常識」

今回の田中耕一さんのノーベル化学賞受賞は、まことに喜ばしいことであった。その上、京都新聞の計らいで、田中さんと直接お話しする機会を得られたのはじつに嬉しかった。

ぼくは田中さんとは研究の分野もまったくちがい、これまで面識もなかったが、田中さんと昔から知己である京都工繊大の山岡亮平さんも一緒だったので、初対面の田中さんと打ち解けた気持ちで話ができた。

田中さんのさわやかな人柄には、ぼくもほんとうに心を打たれたが、このときを含め田中さんは、「常識にとらわれるな」ということを何度も言っておられる。このきわめて当たり前とも聞こえることばには、じつは大変深い意味があることに気がついた。

昆虫記で有名なファーブルの発見以来、昆虫のメスが空中に放つ性フェロモンの匂いは、何キロメートルも遠くにいるオスを誘引するということになっていた。

その後何十年かたち、化学の研究が進んで、カイコの性フェロモン物質が抽出された。それはじつに強力な作用をもち、わずか〇・〇〇〇〇〇〇〇〇〇〇〇一グラムでオスのガ（蛾）を興奮させ、はねを羽ばたかせると報じられた。こんなに強力なら何キロメートルも遠くのオスを誘引できるのもふしぎではない。

じっさいにいろいろな距離からオスを放す実験がおこなわれ、それが実証された。何キロも遠くに放したオスがちゃんとフェロモン源に飛んできたのである。

それほど遠くまでいったら、性フェロモンはうんと薄まっているはずだ。計算してみると、空気一ミリリットル中に一分子しかないことになる。オスはそんなわずかの性フェロモン物質を感知することができるのか？

あるすぐれた研究者が、かなり困難な実験をして、オスの触角の感覚細胞がフェロモン一分子に反応することを明らかにした。これで「何キロメートルも遠くから」という話が、科学的に証明された「常識」になった。

けれどぼくはこの「常識」に疑問を感じ、ちがう見方で調べてみた。するとオスはごくごく薄い性フェロモンを感知して、やみくもに飛びまわることがわかった。そのうちにオスは、メスの近くでフェロモンが濃くただよっているところに偶然に出くわす。そこでオスは急に飛びかたを変え、ゆっくりジグザグに飛びながら、暗がりの中でメスの姿を目で探す。そしてそれをみつけて飛びつく。

ごく薄いフェロモンの匂いに興奮してやたらに飛びまわっているオスが、「このあたりにメスがいるぞ」ということを告げる濃いフェロモンの匂いに気がつくのは、メスからわずか二メートル程度の距離でであった。科学的に証明された「常識」は、じつは神話にすぎなかったのである。

「常識にとらわれるな」という田中さんのことばを聞いて、ぼくは思わず自分のこの経験を思いだしたのであった。

9 秋の終わりの花とチョウ

十一月ももう二十日を過ぎた。今年は急に寒くなったので、どこも秋らしい紅葉が美しい。ぼくの部屋の窓から見ると、洛北の雑木の山は木々が思い思いに色づいている。

空は青く晴れ、朝の日ざしは快い。駅で叡山電車を待ちながら線路わきの斜面に目をやると、黄色い花の穂をつけた草が、朝の日ざしの中にたくさん咲き誇っている。

たぶんアキノキリンソウだろう。花の色も草の形も、あのセイタカアワダチソウに似ているが、ずっと小柄で丈はせいぜい五〇センチ。瀟洒《しょうしゃ》な姿である。

もう冬も間近というこんな時期に、いっせいに花を咲かせてどうするのだろう？　でもその花には、小さなハチやアブが何匹も訪れていて、しきりにみつを漁《あさ》っている。彼らはちゃんと受粉をしてやっているのだ。

まもなく寒さがくるだろうが、それまでに花のたねは実り、冬の風でばら撒かれていくにちがいない。

気がつくと花の間をごく小さなチョウが、あちらに一匹こちらに一匹とちろちろ飛んでいる。

ヤマトシジミというシジミチョウである。このチョウたちも季節の気まぐれではないのである。ちんちんという音が少し遠くの踏切から聞こえてきたとき、ぼくが目で追っていたヤマトシジミの一匹が、草の間のカタバミの花にふととまった。

ヤマトシジミはカタバミで生きているチョウである。親はカタバミの小さな花のみつを吸い、カタバミの上でオス・メスが出会い、カタバミの葉に卵を産む。そして幼虫はカタバミの葉を食べて育つ。この季節に、まだ彼らは淡々とこの生きる営みを続けているのである。

電車から見える景色の中に、モンシロチョウが二、三匹、飛んでいるのがちらりと見えた。今ごろ何をしているのか？　彼らもまた、キャベツの葉を探して卵を産もうとしているのだ。

夏にはたくさんいたアゲハチョウは、今はもう一匹もいない。アゲハチョウはもうみんなサナギになっている。秋早々に冬の到来を予知して越冬サナギになり、それで冬を越すのが彼らの戦略だ。

ヤマトシジミやモンシロチョウの戦略はちがう。冬のぎりぎりまで飛びまわって、できるだけの子孫を残そうとする。これは危険な戦略だが、それで彼らはちゃんとやっているのだ。

毎年この季節になると、ぼくは自然のものたちの多様な生きかたに心を打たれる。環境とは単に暑さ寒さだけの問題ではないのである。

10 プロジェクトX

ＮＨＫの総合テレビに「プロジェクトX」という番組がある（当時）。戦後日本の復興期に日本人たちが成し遂げたさまざまな事業の裏にあった苦労とドラマを描きだしたなかなか感動的な番組で、もう三年このかた続いている。

試みにインターネットで今年（二〇〇二年）放映分を検索してみると、青函トンネル、新幹線とか黒四ダム、瀬戸大橋などという、まさに日本列島改造論時代の大事業に取り組んだ人々の「苦闘とロマン」、そして国産コンピューター、スポーツカー、オートバイ、デジカメ、電気洗濯機、ウォシュレット、カーナビ、日本製コピー機、はては超深海探索艇「しんかい六五〇〇」に至るまで、外国の製品に追いつき追いこせと涙ぐましい情熱で世界に挑んだ機器開発の根性物語が並んでいる。

時間帯がよかったせいか、ぼくは比較的よくこの番組を見る機会に恵まれたが、そこにかかわった人々がそれぞれの苦境の中で、ときには命さえ賭けて、度重なる困難を乗り切って夢の実現に取り組む勇気ある姿には、涙を誘われることも少なくなかった。

日本人の心にぴったりのこの番組を好きな人はすこぶる多いらしく、夏の打ち上げ花火の全国コンクールのとき、精魂を傾けた自分の作品の音楽に、プロジェクトXのテーマソングを選んだ人もいた。

プロジェクトXに登場したのは、建設や開発に取り組んだ人々ばかりではない。ソニーがあのトランジスタ・ラジオをつくったとき、世界のラジオを相手にまわしてそれをヨーロッパに広めようとした営業マンたちの血のにじむような、しかしウィットに富んだ闘いもあった。去年放映された分によると、その人々はコーヒー店に入って、「ソニーを下さい」と注文したという。店のウェイターは当然いぶかしげな表情をする。けれど、きっとそのうちに「ソニーはラジオじゃありませんか？」と言われる日がくると、彼らは信じていた。そしてある日、「あ、ソニーなら俺ももってるぜ。いいラジオだな」という答えが返ってきたという。

それにしても、番組に取り上げられたのは、建設とか開発とかいういわば工業技術的なものが圧倒的に多い。Jリーグの立ち上げとか吉野ヶ里遺跡の発掘とか、天然痘との闘いとかいう事例はわずかしかない。列島改造論に洗脳されていた当時の日本は、すぐ物につながる工学に大きく傾いていたことがよくわかる。困ったことに、その傾向は今ふたたび強められようとしている。

そしてこれらの話は、すべてが「男たち」の夢とロマンの物語である。少なくとも今年の分についていえば、女の仕事は日本初の骨髄バンクを立ち上げた大谷貴子さんの話がただ一つしかなかった。

いずれにせよプロジェクトXは、多くのことを考えさせてくれた貴重な番組であった。

11　エコばやり

エコということばが流行しだしてからもう十年になろうか。とにかくどこを見てもエコ、エコ、エコである。

エコとは単なる流行語かと思っていたら、公式用語にもかなり使われていて、たとえば施設整備関係で「電線・ケーブル類は原則としてすべてエコ仕様とする」というような文がでてきたりする。

エコとは「環境に配慮した」という意味らしいが、よく考えてみればかなり漠然としたことばではある。

エコなる語が、エコロジー（すなわち生態学）からきていることはたしかだろう。このエコロジーという名前は、今から一五〇年近く前、ドイツの生物学者エルンスト・ヘッケルが、生物と環境との関係に関して研究する学問として提唱した「エコロギー」の英語名である。

ヘッケルはそのとき、これは生物の「家計」に関する科学だと考えていた。そこで「家計」のドイツ語ハウスハルト（Haushalt）に因んで、家を意味するギリシア語オイコス（oikos）をドイツ語化して、エコロギー（ökologie）と名づけたのである。つまり「エコ」とはもともとは「家」という意味である。経済学（エコノミックス）のエコも同じである。

そのエコが独り歩きして、生態とか環境という意味になり、今日のエコばやりとなった。ヘッケルはこういう一般受けをする概念やことばを作るのがうまい人だったらしく、ダーウィンの進化論にいち早く共鳴して、生物の進化の「系統樹」を描いてみたり、生物の個体が受精卵から大人になっていく個体発生はその生物の進化の道筋をたどる、すなわち「個体発生は系統発生を繰り返す」とする「生物発生の根本原則」を唱えたりした。これらの概念は生物学にきわめて大きなインパクトを与え、その後の生物学の展開の方向を決めることになったが、それと並行して一般の人々の認識にも長きにわたって多大な影響を残した。聞くところによると、ボーイスカウトやガールスカウトの指導原理にも、この概念が反映されていたという。

その後、ヘッケル流の生物発生の根本原則や系統樹の概念は、生物学の深化とともにいろいろと見直されているが、一般の認識は以前とそれほど変わってはいない。

ヘッケルの名誉のためにいっておけば、「エコ」ということばの流行にはヘッケルの責任はない。それは彼以後のエコロジー（生態学）の流れとその安易な解釈にもとづくものだろう。人々が環境に配慮するようになったのは大変喜ばしいことであるが、エコツアー、エコグッズなどということばに象徴されるように、「エコ」なることばはほとんどお呪《まじな》いか免罪符的に用いられていることが多い。頭にエコとつければ、何でも「環境にやさしい」ことになる。「エコ」の魔術に騙《だま》されてはなるまい。

12　今西錦司フィールドノート

去年の十二月、京大出版会から「今西錦司フィールドノート」として『採集日記　加茂川1935』という本が出た。

今西錦司が大学ノート四冊にこつこつとしたためたカゲロウ採集日記である。一九三五年の三月から六月の洪水まで、毎日毎日加茂川でカゲロウの幼虫を探し、採集し、どこに、どんな場所になんというカゲロウの幼虫がみつかったか、克明に書き留めてある。

学名はもちろん、英語やドイツ語の単語も交えて、今西はその日その日の想いを詳しく綴っていく。しかし三月十二日の書き出しは、「渓流昆虫をやり初めて以来、もう今年は九年目だ。何んとしかし自分の仕事の覚つかなき事よ」と、今西さんらしくもない気の弱さである。

四月の末にはこうある。「余は病気かも知らぬ。」そして「この四月は忙しかった。そして弱った。五月は更に忙しいかもしれぬ。だから弱らぬ様に energy を save し、その配分をあやまらぬように心掛けよう。」

けれど今西はついに、四種類のカゲロウの幼虫が、「川の中にでたらめにばらまかれているのではなく、一定の秩序をもって分布していること」に気づく。そしてこの「意外な発見におどろき、場所をかえて採集をくりかえしてみたが、何度やっても同じ結果がでてくるばかりである。」

有名な「棲《す》み分け」の発見である。これが今西の「種社会」という認識の「原点」となっていることは疑いない。

「種社会」という概念は今西独自のものであり、当時そんなことを考えた人はいなかったと思う。ここから今西は、種の主体性、完結性という認識に至り、種を主体とする進化を主張するようになる。

今西のこの考えは、進化のしくみを論じたものを進化論と呼ぶとすれば進化論ではないかもしれない、ぼく自身もかつて「今西進化論」は進化論ではない、と書いたこともあるが、進化に関する考えかたを述べたものを進化論と呼ぶならば、これは一つの独創的な進化論であり、思想である。

この「今西進化論」の原点は、すでに今西の『生物の世界』（一九四二）に含まれている。『生物の世界』は京大動物学教室へ「霊長類学者の霊長類学」（？）を研究にきていたパメラ・アスキス（現在アルバータ大学教授）が長い年月をかけて英訳した。最近彼女に会った人の話では、この英語版『生物の世界』が近く出版されるというから、今西の思想はやっと世界に伝えられることになろう。

重要なのは、その思想がどのような時代に、どのような人によって、なぜどのようにして生まれたかを知ることである。その意味でこの「フィールドノート」の出版は、大変意義あることだったと思う。

13 美学と人間性

何が何だかわからない強引な形で始まったイラク攻撃も、何が何だかわからない形で終息しつつあるようだ。少なくともアメリカ側の報道によればそのようにみえる。

法も民主主義も無視しているとしか思えないアメリカのごり押しに、どういうわけかイギリスが加担して、今度の戦争は始まった。

その論拠は次々と変わり、最終的には「イラクに民主主義を」ということになったようにみえる。これが昔から度々あった「平和のための戦争」というのと同じ矛盾した信念であることはたしかだろう。

人間はいつまでこういうことを繰り返すのであろうか？　かつて同じアメリカとイラクの間でおこなわれた湾岸戦争が終わったとき、ぼくはある新聞社から原稿を依頼された。

人間はなぜ戦争をするのかということを、動物学の立場から論じてほしいというのである。

それは大変むずかしいテーマであるとは思ったが、ぼくはあえて引き受けた。こういう問題について、まじめに動物学者の意見を訊ねてもらえることはなかったからである。

四回にわたる中でぼくが書いたのは、おおむね次のようなことだった。

動物は、正確にいえば人間以外の動物は、戦争のような危険な殺し合いはほとんどしない。それは彼らがいつも、自分は何とかして生きのびて、できるだけたくさん自分の血のつながった子孫を後代に残したいと願っているからである。彼らはたえず同類どうしで競い合い、闘いあっているけれども、もしそのために自分が死んだら自分の損にしかならないから、そういう危険な冒険は避けようとしているのだ。

人間も動物の一種だから、死にたくないのは当然である。けれど人間には「美学」というふしぎなものがある。なぜだかわからないが、人間個人の心情にはこの美学が深くしみついてしまっている。この美学の恐ろしいところはそれがしばしば「信念」とか「神」とか「大義」とかいう形をとって集団の美学になってしまい、その衝突が戦争を生みだすということである。

このようなことを述べたぼくの論旨は、すべての戦争は宗教戦争であるという昔ながらのいいかたの繰り返しに過ぎないかもしれない。

けれどぼくがそこであえて美学などということばを使ったのは、この「美学」こそわれわれ人間は単なる動物とはちがうという「人間」の誇りの根源になっているらしいからである。「動物」にはこういう美学はない。だからこの美学こそ人間性の証《あかし》である。そしてそれが戦争を生む。

人間が美学を捨て、何のためだろうとにかく死ぬのは嫌だと思えるようになれば、いかなる独裁者も戦争を起こすことはできないであろう。ぼくは「人間性」ということばを軽々しく使う気になれない。

14 田植え機の思い出

今、京都のあたりは田植えの季節である。功罪半ばするあの農地改良のおかげで広々となった田んぼの連続に、一面に水が張られている。夜、新幹線の窓から見ると、こんなところにこんな大きな池があったろうかと思わず疑うほどである。

けれど、もうそこには次々と田植えが進んでいる。苗代からもってこられた稲の苗が田植え機によって整然と植えつけられていき、一日経てば広い池はたちまちにして立派な田んぼに変わっている。

日本の稲作はこうして近代化された。昔だったら、たくさんの人が水田に並び、田植え歌とともに一株一株植えていったものだ。

今はもうまったくちがう。進歩した田植え機によって苗は次々と一定の間隔で植えられていき、見る見るうちに田植えが終わる。

そんな様子を見ていると、どうしても思い出されてしまうのが、四十年ほど前のことである。

そのころぼくは東京農工大学農学部に奉職したばかりだった。農学部には農学科、林学科、獣医学科、農芸化学科という昔懐かしい名前の四つの学科があった。理学部動物学科出身のぼくはどの学科にもじつに興味があった。自分が大学院時代までまったく知らなかった分野だったからである。

農業機械の先生はいつも熱っぽく語っていた。田んぼの土の中に太い鉄の釘《くぎ》を三千回とか四千回突っこむ実験を機械でやってみると、鉄の釘が何分の一ミリかすり減ってしまう。けれど農民は田植えのとき、稲の苗を植えるのに、毎日それと同じことをしているのだ。鉄の釘でさえ何ミリかすり減るような重労働を、農民にさせておくわけにはいかないではないか!

そこで先生は田植え機を作ることを考えた。

苗代で育てた稲の苗を機械で順次送り出し、それを田んぼの土の中に押し込んでいく。操作の基準はかんたんなはずであった。

けれど現実にはそのむずかしいこと。苗は思ったようにきちんとは出てこないし、土にうまく差しこまれてもくれない。苗代の作りかたから変えなくてはならなかった。

最初の田植え機で植えた田んぼは、まさに惨憺《さんたん》たるものであった。一面の青田になっているはずの七月になっても、稲はとびとびにしか生えておらず、しかも変なぐあいに植えられてしまった株はちゃんと育っていなかった。

収穫のころになると、いろいろな人が農工大初の田植え機の成果を見せてほしいと訪れてきた。恥ずかしいので農場はみなお断りしたそうである。

その後、田植え機は急速に改良され、今では当たり前のものになっている。技術の進歩とはそういうものなのかなあ。田植え機で整然と植えられた田んぼを見ると、ついそんな昔のことを思い出してしまう。

15 本をどう売るか

何週間か前のこと、ある出版社から電話がかかってきた。そこから出してもらっていたぼくの本がもうそろそろ数年も経ち、動きも鈍くなったので絶版にしたいのですが…ということだった。

何となく淋しい気持ちになったが、このご時勢だから止むを得まいと諒承《りょうしょう》した。そもそも売れ行きのあまり芳しい本ではなかったので、「困ります」などとは言えなかった。

その夜おそく、自分の部屋でウィスキーを飲みながら、しばし考えた。

本が売れない。売れないと世の中では言う。たしかに本は売れていないようだ。けれどその一方、本を買おうと思って書店をまわって歩いている人も少なくない。だが、いざ探そうとなると、本屋さんで目指す本に出会えるのは、ほとんど偶然に近いといってよい。何かおかしいのではないか。ふとそんなことを感じてしまった。

いろいろな出版社は毎月PR誌を出している。大きな出版社だったら、そこには「今月の新刊」が何十点も披露されている。だがしばらくして翌月の号になると、そこには新しい「今月の新刊」ばかりが並んでいて、先月にどんな本が出版されたのかはまったくわからない。それらの本はたちまちにして存在すら忘れられて、いや忘れさせられてしまうのである。

本屋さんにいっても、小さな店だったら出版後一ヵ月経った本はもう返品されてしまっていて、お目にかかることはできない。注文しようとすると、「それはちょっと…」と言われたりする。本は野菜や果物ではないのだから、新しいばかりが値打ちなのではないだろうに。

少し前の本でも置いていてくれる大きな書店もあるが、さてその本が売り場のどの棚にあるかがなかなかわからない。おそらくあそこだろうと思ってそこへ行っても、目指す本は見当たらない。

じつはこういうことは大昔からあった。かつて『引力』という中国人の書いた小説の邦訳本を買おうと思って、文学書の売り場で探したことがあった。どうしてもみつからないので諦めて帰ろうとしたら、なんとその本が物理学の売り場に平積みされていた。表紙にはちゃんと「小説・引力」と記されていた。

本をどの売り場に置くかは、買い手にとっても書店にとっても出版社にとっても大切なことである。もっと気を使うべきではなかろうか。

本は売れない、売れないといわれるのに、本は次々と出版されている。そしてたちまちにして消えてゆく。今や本はインターネットでも探せるが、本屋で現物の本を手にとって、その装丁やイラストに触れるたのしみは、インターネットのリストでは味わえない。何か本を元気づけるよい方法はないものだろうか。

16 西表島《いりおもてじま》

われわれの研究所「地球研」の研究プロジェクト会議に出席するために、足かけ三日ほど沖縄の西表島へいってきた。

地球研とは二〇〇一年に設立された、文部科学省のいちばん新しい大学共同利用機関（当時）である総合地球環境学研究所の略称である。

今、重大な問題となっているいわゆる地球環境問題の解決に資する学術的研究をする中核的機関として創設された。

地球環境問題というと、だれでも「地球温暖化」のことを思うだろう。先日、京都国際会館で開いた第二回地球研フォーラムも、この問題を中心にして「地球温暖化—自然と文化」をテーマとした。

けれど地球環境問題にはさまざまなものがある。重要なのは、それらには自然現象ばかりでなく、必ず人間の営為がからまっていることである。われわれの地球研はいくつかの研究プロジェクトを組み、いわゆる理工系の人ばかりでなく、言語や宗教の問題も含む人文・社会系の研究者ともども、共通の問題意識のもとに、問題が具体化する地域というものに焦点をあてて、分野横断的な学問的解明を進めようとしている。西表プロジェクトもその一つである。

西表島は日本のほぼ最西端にある島である。琉球列島の中では沖縄本島に次いで大きいのに、人口はたったの二千人ほどしかない。島のほとんどが国有林に覆われていて耕地が少ないのが原因の一つである。産業もほとんどない。

かつての短絡的思考なら、林を切り開いて農地化しようということにもなろう。だがそれをやったら、西表が誇る豊かな水はたちまちなくなり、マリウドの滝もマングローブも消失して、観光資源は失われるだろう。だが、西表島の水の収支はどうなっているのか、よく調べてみないとわからない。

西表島には有名なイリオモテヤマネコやカンムリワシをはじめ、数々の珍しい動物がいる。植物の豊かさも言をまたず、生物多様性は抜群である。だがこのすばらしい多様性はどのようにして保たれているのか？

少し調べてみればすぐわかるとおり、これらの生物たちはじつに微妙な相互依存関係の中で生きている。人間がうっかり手をつけたらたちまち崩れてしまうだろう。彼らはそれほど脆弱《ぜいじゃく》な存在なのだ。早くその実態を明らかにせねばならない。

その一方島の人々にとっては、もっと確実な産業の経済的基盤が欲しい。人口が少ないから、西表島をはじめ八重山の伝統文化を維持することもすでに危ぶまれる状態にある。

美しい海とサンゴ礁を含め、美しく多様な島を守りながら、人々の生活も守っていくにはどうしたらよいのか？　これは西表島だけのことではない。地球上の無数の島々の問題である。地球研のこの研究プロジェクトはそれに取り組もうとしている。

17　生物多様性

近ごろ「生物多様性」ということばがさかんに使われるようになってきた。英語ではバイオダイヴァーシティー（biodiversity）という。

要するに「この地球上にはじつにさまざまな生きものがいますよ」ということである。

昔はこんなことを口にすると、科学以前の博物学だ、切手集めと同じことだ、と馬鹿にされた。

すべての生物は生きているという点で同じである。「生命」の本質を解明するのが科学としての生物学であって、ゾウはとか、ライオンはとか、個々の生きものに関わる必要はない。大腸菌にあてはまることはゾウにもあてはまる。――これがひと昔ほど前までの先進的な生物学の認識であった。

ぼくはこれにはまったく納得がいかなかった。それならなぜ大腸菌とゾウばかりか種々さまざまな生きものが居るんだ？ というきわめて素朴な、発想からであった。

幸いにしてその後、生物学でいろいろなことがわかってくるにつれて、「生命の根本原理」だけでなく、生物の多様牲も重要な問題であることが認識されるようになった。先進国におけるこの傾向はやがて日本にもとりこまれ、生物多様性は重要な問題だと叫ばれるようになったのである。

たしかに生物多様性は重要な問題である。生物はいかに多様であるか、なぜ多様になるのか、多様であることは（それ自体、そして人間にとって）どのような意味があるのか、多様でなくなったらどうなるのか、どのようにして多様性を保全するか、等々いろいろな問いが湧いてくる。これらの問いがいずれも「生命とは何か」という根本的問題の一環であることに、人々はやっと気づいたのである。

けれど、国際的な視点からみると、まったくべつの問題もでてくる。

たとえばアフリカのある小国に生えている多様な植物の一つに、強い医療効果のあることがわかったとしよう。先進国の研究者がその植物を自国へ持ち帰り、研究のすえ、新しい医薬品を開発する。これは当然、収益をもたらす。

そのとき問題は、この収益をどう配分するかである。それは先進国の研究者が研究にとりかかる前に両国の間できちんと協定されていなくてはならない。

もし、生物多様性の保全だけが目標にされて、それら生物の利用やそれによって得られる利益の配分問題が考慮されていないと、生物多様牲に富む国々が、自国の生物は外国人には一切研究させないという措置にでることにもなろう。それに類した事例もすでにあったと聞いている。

利益配分の問題は保全にも関係する。たとえば象牙を売ってそれをアフリカゾウ保全の費用にしようとしたら、売り上げの配分をどうするかが重要な問題になる。

このようなことを考えると、生物多様性の問題は生やさしいものではないのである。

18 旅するチョウ

アサギマダラというチョウがいる。中型で黒とチョコレート色の上品な形のはねに、浅黄色(うす青色)の大きなまだら模様の入った美しいチョウである。

京都や滋賀はもちろん、東北地方南部から沖縄に至る日本各地の山地で広く見られるこのチョウが、じつは季節とともに長距離の旅をしているのではないかと考えた人は一九六〇年代から何人かいたが、一九八〇年ごろから大々的に始められたマーキング調査によって、その確実な記録が得られだした。

たとえば一九八一年四月二十一日に、鹿児島県種子島の西之表市でマークされた一匹のメスのアサギマダラが、一ヵ月後の五月二十三日、直線距離で七〇〇キロ近く離れた三重県四日市市でたまたま捕獲されたのである。

一九八三年十月十日に愛知県伊良湖岬でマークして放されたものが、十月二十二日、同じく直線距離で一八六キロ離れた和歌山県日置川町でみつかった。

関心をそそられた人たちによってこのようなマーキングと再捕獲の記録が重ねられていくにつれて、このチョウが思いもかけなかった長距離の旅をするチョウであることがますます確実になっていった。

各地にアサギマダラを調べる会が組織され、たくさんの人々がマーキングしたチョウを放し、それを捕えた人がその記録を会に報告するという大作戦が日本じゅうで展開され、チョウたちの旅の記録は年を追って厖大なものになっている。

その中には驚くべきものがたくさんある。一九九五年九月二十九日に東大阪でマークされたオスは、半月後、何と一六七二キロ離れた沖縄の与那国で再捕獲されている。

本州・九州から沖縄への旅はすでに多数記録されているが、それらはいずれも秋の南へ向けての旅が、沖縄にまで達したものである。春にはこの逆に南から北への旅がおこなわれる。

このアサギマダラ大作戦の記録が、ごく最近まとめられて、出版された（『旅をする蝶　アサギマダラ』宮武頼夫・福田晴夫・金沢至編著、むし社）。興味つきないロマンに満ちた本である。

有名な北アメリカのオオカバマダラは、メキシコのある地域を壮大な越冬地として、季節による大移動をおこなう。日本のアサギマダラは、同じマダラチョウの仲間ながら、特定の越冬地というものはもたない。アサギマダラは卵、幼虫、サナギ、成虫のどの時期でも冬を越せるのだが、あまり寒い場所では越冬できないし、成虫がみつを吸うヒヨドリバナ類とか幼虫の食物であるイケマとかオオカモメヅルというような植物は、どこにでも一年じゅう生えているわけではない。アサギマダラは冬は暖かく、夏は涼しい、そしてそのときどきに食べものの豊かな場所を求めて、季節に応じ日本じゅういや時には台湾まで旅をするべく運命づけられたチョウなのである。

19　川の表情

たいていの会議は東京なので、新幹線の往復が相変わらず多い。

バッグには車中で読まねばならぬものがいくつも入っているのだが、ついついそれをあとまわしにして、車窓から外を見ることになってしまう。すると、日本にはじつに川が多いことに今更のように気づくのだ。

京都を出てトンネルを二つ抜けたら瀬田川を渡る。ついで草津川、野洲川。草津川は小さいが、かつて二本の流れを人工的に合わせて作った野洲川は大きい。

つづいて愛知川、宇曽川、犬上川。米原までの一駅二十分ほどの間にこれだけの川が新幹線から見えるのである。じつは日野川というのもあるのだが、これは新幹線ではよくわからない。

夜ならともかく、明るいうちの旅だったら、こういう川をちらりと眺めるのがいつのころからかとても楽しみになった。

それはこれらの川の表情がそれぞれにちがっているからである。

その表情のちがいには、それぞれの川の地理的、地形的な理由に加えて、人間がその川とどういう関わりかたをしてきたかが反映されている。

だからぼくにはそれぞれの川がいろいろなことを語りかけているように思えるのだ。岐阜県に入ると、大きな川だけで揖斐川、長良川、木曽川の三つがある。いずれも天井川に近く、昔から洪水で人々を悩ませてきた。治水のための度重なる改修の結果、川の表情は素直なものではなくなっており、のどかな気分で眺められる景色ではない。たっぷりと水を湛えた木曽川が、いくばくかの慰めを与えてくれるだけである。

東海に入ると矢作川が何となく川らしい姿を見せてくれる。この川の姿を保つために払われた努力はいろいろな機会に聞くことが多いが、それにしてもどの川にも行政や住民のさまざまな苦悩や努力が刻まれている。

豊橋の豊川は完全にコンクリートで仕切られた水路としか見えず、その少し上流では都市の中の川なのにホタルが住んでいることなど想像もできない。豊川の西を流れる豊川放水路はまさに放水路そのものだ。

救われるように思うのは天龍川である。広い川原を幾筋かに分かれて流れる大きな川には、いかにも川らしい豊かな表情がある。それはおそらく、ぼくらが川に親しく近づける川原が広がっている、昔ながらの川の形が残っているからであろう。次の大河である大井川にもその表情がある。

けれどこれらの川らしい川は、かつての時代には少し増水すれば越すに越せない川であった。川の治水とダム建設や改修工事が、川を川らしくもし、またあるときは親しみのもてない水路にもした。中国の黄河はいまや水の流れないときすらある。今後、人間は川とどうつきあい、どう関わっていったらよいのであろうか。

20 キノコを食べるカタツムリ

かつてタイでカタツムリの調査をしたことがある。当時、日立国際奨学財団に招かれて京大のぼくの研究室に留学していた、チュラロンコン大学のソムサク・パンハ氏がタイ東北部に分布している大きなカタツムリの生物学を研究して、このカタツムリを養殖してみようという計画をもっていたからである。

タイの乾季が終わる七月末、ぼくらはバンコクを発《た》ち、チュラロンコン大学の車で、ナコン・ラチャシマからウボル・ラチャタニ、ムクダーハンと、タイ東北部をはるばるとまわっていった。

旅の目的は十分に達せられた。雨期に入って山の中の木に生えてきたキノコにむしゃぶりついているこのカタツムリが次々に見つかったからである。

じつは、しかるべき飼育許可をとってソムサク君が京大で飼っていた大型カタツムリがいったい何を食べているのか全く見当もつかずにいたのである。

ふつうカタツムリといえば、植物の葉っぱを食べているものとぼくらは思っている。昔学校の宿題でカタツムリを飼ったときも、キャベツの葉っぱを与えていた。カタツムリは歯舌という固いギザギザのついた舌でキャベツの葉を削りとって食べていた。

けれどこのタイの大型カタツムリはちがっていた。キャベツやホウレンソウその他さまざまの野菜をいくら与えても、かじろうとすらしないのである。

カタツムリは餓えに強いらしく、何も食べずにずっと生きていた。

けれど、これではこのカタツムリの生物学などわかりようもない。ソムサク君はだんだん焦り、悩みはじめた。ひょっとして枯れた葉を食べるのではないか？　枯れかけた葉は一種の発酵をして、かえって栄養が豊かになることもあるから。ということも考えて、彼はそんな葉も与えてみた。けれど全く食べる気配はなかった。

思い余ってソムサク君は、スーパーに売っていたエノキタケをやってみた。そうしたら何と、カタツムリはそれをむしゃむしゃ食べはじめたではないか！　ソムサク氏は跳び上がらんばかりに喜んだ。

タイの現地へ行ってみよう。そしてほんとに何を食べているかを調べてみよう。そこで東北タイへの旅ということになったのである。

やっと雨季が始まった東北タイの山の中には、ところどころの木の幹に日本では見られないような大きくて派手なキノコが生えていた。そしてそのキノコにこの大きなカタツムリがしがみついていた。カタツムリを引き離すと、キノコには歯舌で削りとられた跡が歴然とついていた。カタツムリはほんとにキノコを食べているのである！

こんな奇妙なカタツムリがいようとは、ぼくらは想像もしていなかった。生物の多様性とはこういうものか。ぼくはそのときの感銘を今も忘れられない。

21

法人化とアカウンタビリティー

この四月の一日（二〇〇四年）を以《もっ》て、ぼくの所属する研究所は「法人化」された。「文部科学省大学共同利用機関総合地球環境学研究所」が、「大学共同利用機関法人人間文化研究機構総合地球環境学研究所」になったのである。

同じ日に日本全国の国立大学も法人化された。国立京都大学は国立大学法人京都大学になり、京大総長は国立大学法人京都大学の理事長兼学長となった。

所属する教官や事務官はすべて国家公務員ではなくなり、しばらく前から進められていた多くの国立機関の法人化という行政改革の動きの一環として、日本の国家公務員の数はまた大幅に減ることになった。

けれど教授、助教授、助手などという呼称は変わらないそうだし、部長、課長、課長補佐とかいう呼び方も変わらないので、一見、何が変わったのかはよくわからない。

給料も変わらないし給与体系も変わらないのだが、勤務のしかたを規定する就業規則の根本が従来の国家公務員法から通常の労働基準法に変わったので、細かいところが変更になった。たとえば、一日の労働時間が八時間であることは変わらないが、労働基準法には休憩時間というものが規定されている。そのために昼休みは十五分短い四十五分となり、勤務の終了が午後五時ではなく、五時十五分になった。そして五時十五分から十五分の休憩をとらなければ超過勤務に入ってはいけないということになった。労働者の保護を目指して作られた労働基準法が、その当初の意図とは裏腹に、妙な形で労働を不合理に強化している結果になっているのではないかという気もしてくる。

いずれにせよ、国費の無駄遣いを防ごうという行政改革の意義はよくわかる。それは大変結構なことであるが、まかりまちがうととんでもないことになる恐れがある。

いうまでもなく、日本の学術・技術・文化を支えていくのは教育や研究に携わっている大学であり研究所である。そこに国費をかけるのは国として当然のことであろう。

その際の無駄遣いを防ぐために法人化するのも一つの方法であろう。教育や研究の成果をきびしく評価していくことも必要であろう。国の直属でなく法人という民間機関に国費を預ける以上、厳密な監視も必要であろう。

しかし問題は要するにその成果である。評価も監視もそのための手段である。望まれているのは国としての成果である。その成果とは国としての広義の意味での文化である。単なる論文や特許の数などではけっしてない。そして昔からのさまざまな経緯でできあがってきた、今や必ずしも合理的とはいえないのに残存している事細かな法的規定を守ることに力を浪費したりしていたら、いちばん根本的なアカウンタビリティーなど無くなってしまうだろう。

22 新緑の戦略

五月ももう二十日を過ぎた。まぶしいような新緑の季節もそろそろ終わろうとしている。春のおそいこの洛北の山々でも、木々の緑は日に日に濃くなり、それぞれの木に特徴的な色あいになりつつある。

電車や新幹線に乗って少し遠出をすれば、車窓からの眺めはもう初夏そのものである。これから夏へ向けて、山々は深い緑になっていくのだなと、少し前のあの新緑が懐しく思い出される季節である。

ところがそういう山々の緑の中に、まだ若々しい明るい色の若葉をこんもりとつけた木が、あそこに一つ、こちらに一つというように点在していることに気づく。言わずと知れたシイの木とかカシの木とかクスノキとかの姿である。

常緑樹とされるこれらの木は、冬の間も葉を落とさず、寒さに強い厚くて丈夫な葉を存分に広げて、光合成をつづけている。そして冬は葉を落として寒さから身を守っていた落葉樹たちが芽吹く春、冬まで働きつづけた葉を一斉に落とし、一ヵ月以上もおくれてあたかも花開くように若葉を広げるのだ。

その若葉の美しさはこれらの木に独特なもので、ぼくはその季節になると毎年のように深い感激をおぼえる。クスノキの若葉は特に美しく、たしか楠若葉として俳句の季語にもなっていたはずだ。

常緑樹というと落葉しない木のように思われるが、今述べたとおり、そんなことはない。シイもカシもクスノキも毎年ちゃんと葉を落とす。ただいわゆる落葉樹とは時期がちがうだけだ。いつ葉を落とすかはその植物の戦略の問題である。寒さのくる前に葉の中の養分をすべて枝に引きあげ、すっからかんの葉を落として寒さから身を守るのも一つのやりかただ。

寒い地方にはこの戦略をとる植物が多い。

けれど北国なのに冬も葉をつけている植物もある。極北に近い地域では冬に葉を落とす植物はほとんどないという。冬に落葉して春に若葉を伸ばすのでは、短い夏に間に合わないからだそうだ。そして冬は植物がすっぽりと雪におおわれ、雪の下はそれほど寒くはならないから、葉を落として身を守る必要もないからだ。

若葉といえば明るい緑色だと思うけれど、カエデの仲間などのように新芽が赤く色づいている植物もたくさんある。それは植物の美的感覚ではなくて、やはり戦略の問題らしい。だれでも知っているとおり、植物の新芽にはアブラムシがつきやすい。たいていのアブラムシは黄色とか明るい黄緑色が好きである。それはこの色が新芽を意味するからである。赤い新芽をつける植物はその裏をかこうとしているのだ。

どの戦略にもメリットとともにデメリットがあり、利点づくめの戦略などというものはない。動物たちと同じく、植物もそれぞれに戦略を選んでいるのである。

23 テレビのニュースに思うこと

ふとテレビをつけると、子どもが突き落とされたとか、いじめられた、連れ去られたとかいう事件のニュースが流れてくる。

子どもが友だちの子を殺すという、信じられないようなことも起こっている。

なぜこんなことになってしまったのだろうか？　誰もがそう思っている。

けれど、それに輪をかけたような事件が、日本のあちらでもこちらでも次々に起こってくるのである。

「家庭の教育が悪い」「家庭が崩壊しているからだ」とよく言われる。けれど本当にそうだろうか？

どんな動物にも、同じ仲間の相手とのつきあいの中で、この場合ではしてはいけないことがある。人間ではさらに、ここでは言ってはいけないこと、というものもあるはずだ。

多くの動物はそれを生まれながらにして知っているらしいが、相手とのつきあいかたがきわめて複雑になっているわれわれ人間の場合には、どうやらそれを一つずつ学んでいくようにできているらしいのである。

問題は、それをいつどのようにして学ぶかということだ。もう六年も前、「石器時代としての大学」（一七ページ）という奇妙な一文を書いて以来、ぼくはそのような大切な学習は家庭という閉じた状況の中ではなく、いわゆる世の中のいろいろな人々との開けた接触の中でなされるのではないかと考えている。

かつてアフリカの原野で生まれたといわれているわれわれ人間の祖先は、百人、二百人という大きな集団をなして生活することによって、やっと生きのびてきたのではないかと思われる。そのような生活の中で子どもたちは、まわりの大人たち、兄妹たちのしていることを多大の興味をもって見つめ、そこから他人とのつきあいかたを学びとっていったのではないだろうか？

たとえば、狩りについていくことを許された男の子は、とびだしてきた獲物の姿に興奮して大声をあげる。とたんに大人から叱《しか》られる。「そんなことをしたら獲物が逃げてしまうではないか！」その子は瞬間にして学ぶ。「狩りでは大声をあげてはいけないのだ」と。

叱ったのは親ではない。誰かそこらのおじさんである。

今、文明が進んで、子どもたちはそれぞれ、自分の家庭という閉じられた、状況の中で育つようになった。

そこで子どもが出くわすことはごく限られている。したがって学ぶことも限られている。複雑な状況の中でどう振る舞ったらよいかを学びとる機会はごく少ない。石器時代には誰もが次々に学べたことが、今はほとんど学びとれなくなってしまっているのだ。どうしたらこの状況を切り開けるか。それが緊急の問題である。しばしば強調される「心の教育」などという問題ではない。

24 島のプロジェクト会議

地球研の西表《いりおもて》研究プロジェクト会議のため、八月六日夕方から一週間ほど、沖縄の西表島と沖縄本島に滞在していた。

地球研とは二〇〇四年四月に大学共同利用機関法人人間文化研究機構なる法人の一員となった国立の総合地球環境学研究所の略称である。

二〇〇一年に発足したこの研究所の設立趣旨は、いわゆる地球環境問題の解決を目指す学問的研究をおこなうことにある。そのために、人間文化のさまざまな研究分野の人々が、共通の問題意識をもってそれぞれの研究プロジェクトに集い、分野横断的に問題の解明に取り組むプロジェクト研究方式をとることになっている。

イリオモテヤマネコをはじめとする珍しい動植物や美しいサンゴ礁で知られる西表島で、その自然と文化を保ちながら人々が豊かに暮らしていくにはどうしたらよいかを探ろうとする西表プロジェクトもその一つなのだ。

ところが西表到着後すぐ、台風十三号が発生したというニュースが入った。内心心配していたとおりであった。

気象情報の最初の予想では、台風はどうやら北東へ向かっているらしい。これならまあ大丈夫かなと思ったのもつかの間、台風の方向は北西へ変わった。これだと島はまともに襲われることになりそうだ。

台風情報を気にしながら、ミーティングが始められた。

まず、第一日目の八月七日には、海に土砂が流れ込んでサンゴ礁を痛めないよう配慮した農園を、強い日射しに汗だくになりながら見てまわった。農地はこの島の昔ながらの方式にしたがって、山の等高線に沿うように作られているので、土が海へ流出することはない。近年の農地改良では、工作機器が入りやすいようにこの方式を崩してしまったので、海への土砂流出がおこり始め、それがサンゴに被害を与えている。どうしたらよいか？

つづいてその夕方、森林環境保全関係者との話し合い。いろいろな方策について議論をしたが、これも一朝にしてすむ話ではない。

二日目はイリオモテヤマネコの生活をもっとよく知るための生態学者とカメラマンたちのミーティング。やはりできるだけ多くの自動カメラを配置して根気よくネコたちの行動をとらえる他あるまいということになった。それをもっとも経済的にやる方策の目途がついた。

三日目は島嶼《とうしょ》経済学と環境社会学の問題だ。かつては生ゴミしか出なかったこの島も、今はさまざまな包装物や家電機器の廃物にあふれている。それとどう対処したらよいか。さらに、島の伝統的意志決定方式が崩れ始めている問題、そして島の重要な産業となりつつあるエコツーリズムはどうあるべきかなど、さまざまな問題について徹底した議論がおこなわれた。

その間にも台風が近づいてくる。風は激しくなってきて海には白波が目立ち始め、四日目には島の北部の港からの船はみな欠航になった。ぼくらは那覇での次のミーティングのため、南の大原港から早々に船に乗り、空港のある石垣島へと向かった。そして石垣から飛んだ那覇での会議も有意義なものであった。

25　天災の年

今年はなんと台風の多い年であったことか。地理的にいって台風に襲われやすい沖縄地方だけでなく、本土を十回も台風が通過し、思いもかけなかったようなたくさんの地域に甚大な被害を残していった。

そしてまた今回の新潟県中越地震である。神戸のと同じ震度7にも至る激震の連続。ほとんどすべての山肌におこった地崩れと家々の惨状。何日もつづく何百回という強い余震。道路は壊滅し、救助もできない。新幹線はよくぞ脱線で済んだ。被災者たちの痛ましい姿に目を覆いたくなるが、何もできない我が身のもどかしさ。

けれど考えてみれば、台風も地震もその原因は単純なことなのだ。

南の海で暖められた空気が上昇し、気圧が著しく低い空気の塊ができる。それが台風だ。きわめて大ざっぱに理解すれば、要するに空気が薄くなっただけである。そしてそれを埋めるべくまわりから空気が吹きこむ。地球の動きとまわりの大気圧との関係の中で、台風は成長するとともに、ある方向へ向かって動きはじめる。

そのしくみは複雑であるとはいえ、人間が作ったコンピューターのような電子機器の中でおこっていることよりも、はるかに単純な現象であるように思われる。けれどそれが想像もできぬような悲惨な状況をひきおこしてしまうのだ。

そして人間は、人間が作りだした精緻を極めた機器によってその動きを観察してゆくだけで、それを止めることも変更することもできない。

地震にしてもそうである。一口でいえば地震は地下の岩石が破壊することによっておこる。地殻の構造や性質などの条件によって複雑な問題はあるけれども、原理的にはかんたんな現象だといえる。あとからシミュレーション調査をしてみれば、どの岩石がどういう力を受けてどのように壊れたのかもかなり想像ができる。

しかし、いつ、どこで、どのような地震がおこるかはまだ予言できないし、それを食い止めることもできない。

言うまでもないが、台風や地震は、次はどこを襲って何を破壊してやろうかなどという意図はもっていない。すべては自然の偶然のなせる業である。だから予知も防止もできないのだ。天災と並んで人間に悲劇をもたらしてきたのは戦争だが、これは明らかに人間の意図によるものである。

意図によるものである以上、それは予見もできるし防ぐこともできるはずだ。けれど人間は、今に至るまでそれができないでいる。それも人間の宿命なのだろうか？

少なくともわれわれは今、軽々しく憲法を改正したりするようなことによって、戦争を天災と同じ次元のものにしてしまうことはやるべきではない。

26　年の暮れに思うこと

十二月ともなると、なんだか慌ただしい気分になる。いろいろな仕事を「何とか年内に」と言われることが多くなるし、ときにはそう言われてもいないのに自分で「これは年内にやってしまおう」などと思ったりするからだ。

考えてみると、これはかなり変なことである。

地球上の時間は一刻の切れ目も区切りもなく過ぎていっている。十二月三十一日の二十三時五十九分五十九秒から新しい年の一月一日0時0分0秒になるときだって、そのまま時が過ぎていくだけだ。何の合図もあるわけでなく、特別な音がするのでもない。人間が勝手に時報を流すだけである。

人間自体も格別に変化するわけではない。飲んでいるウィスキーのグラスを手にしたまま「新年」を迎えたことも何回もある。もちろん、新年になったとたんにすばらしいアイデアが湧《わ》いたという体験もない。

この連続した時間を何らかの形で切り分けたのは人間である。

どう切りわけるかはその土地、その時代の人々の自然認識によっていろいろにちがっていた。そしてそれが今に至るまで残っている。だから土地によって、文化によって、新年の始まりとされる日はさまざまにちがう。同じ日本の中だけでも新暦、旧暦の正月があるとおりだ。

連続した時間の切り分けは、人間以外の動物たちもみなやっている。

彼らにも彼らなりの自然認識があるが、それは大幅に季節の移り変わりと関係している。季節が彼らの生活と繁殖にとってもっとも重大な問題であるからである。

今ではよく知られているように、人間を含めて生きものたちは体内時計というものをもっている。体内時計は生物時計とも呼ばれるが、いまだによくわかっていないしくみによって、ほぼ二十四時間の時間を計っている。

時計は一定の時刻に合わせなければ意味をもたない。生きものたちはその時刻合わせを一日の始まりつまり夜明けを目印にしておこなっている。そしてそれによって昼の長さ、夜の長さを知り、季節の移り変わりを察知している。

その情報をどう使うかは、それぞれの生きものによって定まっている。昼が一定時間より長くなったら繁殖を始めるものもあり、その逆のものもある。それは、その生きものの住んでいる土地とその生きものの生活のしかたによって異なるが、いずれにせよそれは遺伝的に定まっているとしかいいようがない。

その意味では人間も同じようなことをしているのかもしれない。けれど人間はそこに人間の得意とする論理による自然認識をからませて、ほとんどイリュージョンとしか考えられない時間や日付や年という概念を作りだした。そしてそれによって社会が保たれており、それとともに一分一秒、一日を争う状況もつくりだした。

人間はそれに苦しめられながら、それを楽しんでいるようにみえる。人間もまたふしぎな生きものだ。

Ⅱ

教育とはそもそも何なのか

人間には本能がない

私が東京農工大学の農学部で教えていた、今から四十年ほど前の話です。当時、日本で農業をやる必要はない、日本は、工業国にならなくてはいけない、ということになりました。農業がいらなくなれば、大学の農学部もいらない、もちろん先生も学生もいらない、みんなクビになる、などと、わんわんやっていました。新聞にも「日本の農業の曲がり角」「農業をどうするか」などと書かれていたわけです。

当時は冷戦時代で、資本主義国と社会主義国が対立していました。社会主義国の中心であるソ連は、工業技術を高めるために大学をつくって、教育に一生懸命になっていました。アメリカよりもはるかに熱心に教育に取り組んでいたと思います。そのうちに、ソ連が人工衛星第一号スプートニクを飛ばしました。

アメリカにとっては、大ショックでした。教育を何とかしなくてはいけない、というので、アメリカは理科教育重視に変えました。日本もすぐにそれにならい、理科教育重視に切り替えておりました。

そういう状況を見ていて、国家が自国の権威を高めるために役立つ人材をつくることが教育なのだ、というふうに思えてきたわけです。

ところで、「とにかく教育しなければいけない」「教育はいかにあるべきか」と、皆さんおっしゃるのですが、そう言っているのは全部大人です。子どもは何も言っていません。しかし、教育されるのは子どもです。子どものほうは「教育してほしい」などとは言っていないわけですが、いろいろなことに対して、ものすごく興味を持っているわけです。

赤ちゃんは、そこら辺にあるものをかじってみたり、ビョウやクギを食べてみたり、危なくてしょうがない。しかし、そうやっていくうちに、口に入れたものが辛かったので食べてはいけない、かじったら痛かったので、口に入れてはいけないというように、子どもは急速に「学習」していきます。

人間という動物の子どもは、この学習を経ないと、何が食べてよいものか、判断できないようになっているのです。

昆虫の場合、何を食べるべきか、本能として、遺伝的に決まっております。例えば、モンシロチョウの幼虫は、キャベツの葉、大根の葉、カブの葉を食べます。同じような葉っぱでも、ほうれん草やレタスは食べません。キャベツや大根、カブは、アブラナ科の植物で、からしの物質を含んでいます。モンシロチョウの幼虫は、そのからしの匂いがしたら口に入れ、その味がしたら飲み込め、と遺伝的に決まっています。

人間のように、何を食べていいのか全くわからない動物もいれば、モンシロチョウのように最初からわかっている動物もいます。このことから、私は、人間は、虫とは対照的に、なんでも学習しなければいけない動物だと思いました。人間には本能がないと思います。しかし、それでは困ります。人間は、何かを学習して覚えていかなくては生きていけませんので、学習することに対しては、非常によくできているようです。

親の背中を見て育つ

鳥は、かなりのものが学習します。以前に、ガンの観察をしていたら、親鳥はヒナを連れて歩きながら、その辺にある草を食べます。ヒナは、後ろからついて行きながら、親が何をしているかを真剣に見ています。それで、親が食べたものを食べる。親はまるい葉っぱを食べた。とがった葉っぱは食べなかった。ヒナは、親が食べたまるい葉っぱをすぐに食べました。ところが、まるい葉っぱは二通りあり、一つはとても苦い。ヒナは形だけを見ているのでわからない。苦くて吐き出してしまいます。今度はもっとよく見ます。ヒナは、だんだん覚えて、おいしいまるい葉っぱだけを食べるようになります。

ヒナはそうやって一生懸命に学習をしています。親は食べているだけで、教育しているようには見えませんでした。要するに、人間で言う「親の背中を見て育つ」と同じことなのです。親のやっていることを見て、子どもは学習していく。見るときの目つきのすごさ、好奇心でいっぱいです。

動物たちの学習とは何か。動物行動学でも非常に問題になりますので、調べてみますと、いろいろと面白いことがわかってきました。

たとえば、ウグイスは「ホー、ホケキョ」と鳴きますが、卵を取ってきて、人工孵化《ふか》して、全く音が入ってこないカゴに入れると、どうなるか。ヒナはエサをやれば育ちますが、成長しても「ホー、ホケキョ」とは鳴けない。「チャッチャャッチャ」と地鳴きするだけです。

そこで、テープでもいいから、「ホー、ホケキョ」という声を聞かせると、ヒナは二日もすれば、耳が聞こえるようになり、スピーカーの方を向いてじっと聞いています。しばらくしてのどが発達してくると、自分の鳴いた声を自分でモニターして、最後に「ホー、ホケキョ」と歌えるようになります。この実験から、ウグイスは、学習をしなければ、「ホー、ホケキョ」とは鳴けないことがわかりました。

そうなると、だれでもやってみたくなる実験があります。テープでカラスの声を聞かせると、それを学習して「カー、カー」と鳴くウグイスができるか、ということです。ところが、カラスの声をテープで流してみても、ウグイスの子どもは全然関心を示しません。しょうがない、向上心のないウグイスだ、ということで、ものは試しにウグイスの声を聞かせると、キッとなって聞きます。それで、カラスの声には無関心だったのに、これは変ではないか、ということになりました。どうも、何を学習するかは、遺伝的に決まっているのではないか、という気がしてきたわけです。

遺伝か学習か

あの子の頭がいいのは、遺伝か学習かということがどうも気になります。「氏か育ちか」というわけです。しかし、どうも、そういうものではないらしい。

つまり、学習は遺伝と対立するものではなく、遺伝的な一種のプログラムである。これは学習しなさい、それも学習しなさい、というプログラムがあって、そのプログラムに従って起こるものである。遺伝か、学習かではなく、学習は遺伝的プログラムの一環である、ということになります。何を学習するかというお手本も、あるいはいつ学習するかということも、どうも遺伝的に決まっているのではないか、ということです。

鳥は飛びますが、そのための学習が必要です。例えば、鶴《つる》のヒナは地上の巣でかえります。大きくなると、だんだん翼が伸びて、つい飛んでみたいという衝動に駆られます。それでちょっと飛んでみると、五〇センチメートルぐらい飛べます。それが、日がたつうちに、一メートル、二メートル、三メートルと、少しずつ長く飛べるようになって、最後には、親と一緒に日本海を渡ってシベリアまで飛ぶことになるのです。こういう経験をさせないで、ヒナのときカゴに入れて飛ばないようにしてやると、鶴は飛べなくなってしまいます。

一方、キツツキは、木の幹に巣をつくり、ヒナはそこで育ちます。大きくなると、やはりヒナがばたばた羽ばたきをします。でも、絶対に飛びません。飛んだら大変です。例えば、五〇センチ飛べるときに飛んでみると、地上に落下して、高いところの巣から、地面にたたきつけられて死んでしまいます。

ですから、そういうプログラムは組み込まれていません。むしろ、あるところまできたら、飛べるようになるだろうが、それまでは絶対に飛ぶな、というプログラムが組まれているとしか思えないのです。その代わり、そういう鳥が飛んだら、いきなり二〇メートルくらい飛んでしまいます。

そうすると問題は、動物の生活の仕方、成長の仕方、どんな集団で住んでいるか、どこに巣をつくるかなど、いろいろなことによって、その動物の学習プログラムが違っているということがわかります。

変な男と変な女

人間は、ゴリラやオランウータンに近いのですが、彼らと違って、あるとき森から草原に出てしまいました。そこには、怖い動物がいっぱいいました。その中で人間が生き延びるためにどうしたのか。一〇〇人、二〇〇人で集団をつくって、何かあったら集団で立ち向かい、獲物も集団でとったりして、やっと生き延びたのではないでしょうか。

そういう集団の中で生まれた赤ん坊は、周りのいろいろなものを見ます。男もいるし女もいる。年齢もさまざま、キャラクターもいろいろ。赤ん坊というのは、すごく好奇心が強くて、あの人は何をしているのだろうか、何を食べているのだろうかと、じっとそれを見ていたと思います。そして、いろいろと学習をしていったのではないでしょうか。

それが、近年になると、様変わりをしていきました。団地ができ、核家族になりました。プライヴァシーなどということになると、男一人、女一人、そこに子どもが一人か二人で、ドアを閉めると、そこにはそれだけしかいません。子どもたちは、そういう狭い世界の中で生まれ、育つようになりました。

男というのは、いっぱい男がいるから、一般的な男というのはどういうものかが、わかるのです。一人だけを見て、男一般を類推せよといっても、それは無理です。平均からすると、一人ひとりは、個性的な、つまり変な男なのですから。女についても同様のことが言えます。

しかも、家庭の中では、この特別な一人の男と一人の女が口をきいているところだけしか見ていない。この男が、ほかの男とどのような話をしているのか、この女は、ほかの女と何をするのか、それを見ることはできません。

学校へ行くと、学級制度がしっかりできていますから、同じ年の子どもだけで、上級生や下級生とはあまり付き合いがありません。先生はいますが、大人の男は何をするのか、大人の女は何をするのか話してはくれません。結局、何も学ぶことなしに、大人になってしまう。人と人との付き合いも知らない。そのような環境の中で、どういう口をきくか、何も知らない人間がどんどんできているのではないでしょうか。

二十世紀の勘違い

つまり、石器時代には、うまく機能していたことが、これだけ文明が進んだら、全くだめになってしまったということなのです。今、盛んにそれを何とかしろ、道徳を教えろ、と言います。このようなことは、本来が、道徳ではないのです。しかも、教わるものではありません。自分が取得するもの、「学習」するものなのです。

家庭が大事だと盛んに言われます。しかし、今の家庭はそれぞれ特殊なケースですから、家庭の中だけで育つとおかしくなります。

特殊なケースだけしか知らずに育ち、しかも、教育の場では、国の役に立つようなことは習うけれど、役に立たないと思われていることは教わらないのです。そうすると、その部分が抜けてしまいます。

子どもは、いろいろな情報を得て、その中から自分で好奇心のあるものを勝手に取り込んでいく、という育ち方をしなくてはいけないのに、そういう情報が取れないまま育ってしまう。結局、教育とは、「場」をつくることなのです。

大学は、一回生から四回生までいます。そして、学年を超えた交流の場があります。入学したばかりの一回生は、クラブなどで、四回生から異性のことなどを教わるわけです。それは、非常に大事な経験です。

先生の方も、いろいろな人がいます。若いのから、年寄りまで。また、男も女もいます。事務局にも、いろいろな人がいる。そういう人たちと、じかにぶつかっていると、いろいろなことが勉強できるはずです。

遺伝的に決まっているプログラムを具体化するためには、学習がどうしても必要です。学習によって、全く新しいものをつくるわけではありません。

学習は、ものすごく大事です。ところが、二十世紀になると、だれがどう間違えたのかわかりませんが、「学習が人間という動物にとって大切だ」ということを「だから、人間には教育が大切だ」というふうに勘違いをしてしまったのです。

それで、二十世紀は学校づくりに夢中になって、どの国でも教育制度をつくりました。とにかく教育することだ、ということになりました。このような状況で二十世紀にやってきて、二十一世紀に入った今、何となくおかしなことが起こってきたのだな、というように思えるのです。

では、二十一世紀をどうするか。まず、われわれは人間という動物として何をするのか、そのプログラムを具体化するために、一番良いやり方はどういうものなのかを真剣に考えてみなくてはいけません。

もっと、本質的な問題に立ち返るべきです。二十世紀に勘違いしたことを、間違ったことを、勘違いしないように、間違わないように、もう一度、よく考えてみるべきではないでしょうか。

『動物のことば』の頃

今からもう四十年以上前、ぼくは友人二人とともに、ニコ・ティンバーゲンの *Social Behaviour in Animals* を邦訳した。

これは同じ著者の前著 *Study of Instinct*（邦訳『本能の研究』はのちに三共出版社から二度にわたって出版されている）につづいて、動物たちの行動の本質を、単に「本能」のしくみの解明だけでなく、動物の社会的行動の成り立ち全般について実証的に述べた、おそらく最初の本であった。

当時、東大動物学科の大学院生であったぼくは、この本にいたく感銘した。前々から動物たちの行動に興味をもち、京大・今西錦司グループの動物社会の研究に魅力を感じていたぼくは、ティンバーゲンの実験的な研究に啓発されるところが大きかった。

それまでに日本で動物の行動の研究がなかったわけではない。しかしそれらは、あまりにも「科学的」な手法を目指そうとしていたために、生きた「動物」の姿がどこかへ消えてしまっていた。そもそも、動物たちが、なぜそんな行動をするのかという根源的な疑問に答えようとする姿勢はなかった。「姿勢がなかった」どころではない。そういう「非科学的」な問いかけは積極的に排除されていたのである。

今西グループの研究はその意味ではとてもおもしろかった。しかしそこには綿密な観察はあったが、「実験」というものはなかった。というより、実験という手法は積極的に排除されていた。

この二つの狭間で、何か納得のいかないままでいたぼくは、ティンバーゲンの本に目を開かれたのである。

翻訳はたのしかったが、訳語には苦労した。Display とか Alarm call（警告声）とか Intention movement（意向運動）とか、すべて「擬人的」として排斥されそうなことばかりである。案の定、Display に「誇示」ということばをあてたら、それは擬人的だと叱られて、「ディスプレー」とするべきだと忠告された。同じことばを英語のままカタカナ書きにすればなぜ良いのか、どうしてもわからなかったが……。

著者の名前からして問題だった。ニコ・ティンバーゲンはもともとはオランダ人である。名前も Nikolaas Tinbergen。それがオランダでの研究を買われて、オックスフォードに呼ばれ、行動研究の研究室を開くことになった。イギリスに帰化もした。当然、イギリスではティンバーゲンと呼ばれている。しかしぼくはけっこう語源にうるさいところがある。生地のオランダ読みでは、ニコラース・ティンベルヘンのはずだ。邦訳発行元になるみすず書房（当時）の仙波喜三さんと相談して、ティンベルヘンで通すことにした。やがてある出版予告に、「チンデルセン」として紹介されているのをみつけ、仙波さんと二人で大笑いした。

本のタイトルも問題だった。原題をそのまま訳して、「動物の社会的行動」ではとても売れない。仙波さんもぼくもそう思った。何しろ今から四十二年前（当時）のことである。

それなら「動物のことば」はどうでしょうか、とぼくは提案した。動物たちの社会的行動は、動物どうしのコミュニケーションによって成り立っている。そしてそのコミュニケーションそのものを成り立たせているのは動物たちの行動である。だとすれば動物たちの行動は「ことば」ではないか。

というのがぼくの発想であった。「動物のことば」、うんそれはいいでしょう、というので、ティンバーゲン『動物の社会的行動』の邦訳は、ティンベルヘン『動物のことば』（みすず書房）として出版されることになった。

出版社と訳者の予想に反して、訳書はちっとも売れなかった。けれど、世の中が「コミュニケーション」づいてくるとともに、「ことば」づいてきて、「動物のことば」とか、「動物のコミュニケーション」について書いたりしゃべったりすることも多くなってきた。月刊「言語」にも何度か書かせてもらっている。そのような動きとともに、『動物のことば』も売れはじめ、今も版を重ねている。

しかし、それにつけても思うのだが、われわれがその時代、その時代でもつ概念というものは、いかにあやふやであやしげなものであることか。動物の「ことば」っていったい何だろう?「コミュニケーション」っていったい何だろう? 人間の言語は人間独特のものだとか、「言語の進化」とかいう議論はトートロジーではないのかとか。そんな中で大学には「国際コミュニケーション学科」などというものが次々にでき、だれも不思議とは思わない。おもしろいことである。

動物に心はあるか

冬、京都の鴨川には、たくさんのユリカモメが群れている。夕方の四時頃になると、カモメたちは次々とあわただしく舞い始める。

川面の上で輪を描くように飛ぶ鳥が現れると、段々それに続くものが増えてくる。川岸にいた鳥たちも、一羽また一羽と飛び立ち、輪に加わるようになる。回りながら飛ぶカモメたちは次第に高く昇っていき、川の上にはぐるぐる回転する鳥の柱ができる。あとから飛び立った鳥たちも加わって、柱はどんどん高くなる。

しかし、中には降りてくるものもいて、柱が一斉に天に向かって伸びていくわけではない。鳥たちはてんでに昇ったり降りたりしながら、だんだん数を増していき、そしてある瞬間、一斉に琵琶湖へ向かって急降下し、その姿は東山の峯の向こうに見えなくなってしまう。

鴨川のユリカモメにいつも見られるこの光景を、ぼくはかつて雑誌に書いた。題して「鳥たちの合意」。彼らは、全員が納得して合意に達するまで、ぐるぐる回りながら空を舞っているのである。合意が成立するまでには随分時間がかかる。見ているぼくらがイライラしてしまうほどだ。けれど鳥たちは、あわてず騒がず、じっと合意の成立を待ちながら回り続ける。

新橋から「ゆりかもめ」に乗って、湾岸を走る。窓越しに眺める東京の空には、様々な鳥が飛んでいる。そのいずれもが、実に伸び伸びと羽ばたいているのは驚きである。なぜならそれらの鳥たちは、本来は海岸に沿った林や森の梢の上を飛んでいるはずの鳥だからである。

東京のまちは、森や林とは全く違う。そびえ立っているのはコンクリートのビルだ。そのビルの上を、鳥たちは何の屈託もなく飛んで行き、ビルの屋上の一隅に、さり気なくとまる。あたかも大木の枝にとまるように。

鳥たちは何を思っているのだろう。都会は森と同じに見えているのだろうか。そんなことを思いながら彼らを見ていると、そもそも鳥たちは何かを考えるということがあるのだろうかという疑問が湧いてくる。

鳥ばかりではなく、動物に「心」があるかということは、昔から人間が問い続けてきた謎であった。

いわゆる近代科学は、この問いに答えようとすることを拒否した。そのような問いを発すること自体が無意味だと。動物が何を考えているかと問うよりも、彼らの脳の中で、どの神経細胞が興奮し、どのような変化を起こすのかを追求することが実体論として有効であるというのである。

そして、このような筋道に沿って、たくさんの研究がなされてきた。そのお陰で、脳の働きや感覚の不思議について色々なことがわかった。けれど、動物に心があるか、動物が世界をどのように見ているのか、そして、動物は何かを考えているのかということはわからないままであった。

そうした中で、一九三〇年代、ドイツのユクスキュルという動物学者が、「環世界」という概念を主張した。これは、ぼくらは「環境」という言葉をよく使うが、動物にとって存在するのは「自分の回りにあるものの中で関心を持ち、意味を与えているもの」だけであり、それ以外のものは、その動物にとって存在しないに等しいというものだ。

メンドリは、足を縛られて悲鳴をあげているヒヨコの所へは大急ぎで駆けつけるが、そのヒヨコがガラスの容器に入れられて、外から悲鳴が聞こえないと、姿が見えていても気にとめない。メンドリが意味を与えているのは、ヒヨコの悲鳴であり、苦しんでいる姿ではないからである。

ユクスキュルの「環世界」論は、多くの人々の注目を集めたが、それが余りにカント的であるというので、「科学は本来的に唯物論に立つべきだ」とする、いわゆる科学者たちからは評価されなかった。

しかしこれは、動物が単に外界の刺激を受け取ってそれに反応する、言わば「精巧にできた機械」ではなくて、外界の事物に対して「関心」を持ち、それに「意味」を与える一つの「主体」であるという認識に立った、新しい見方であったとぼくは思っている。

今日、動物たちの様々な生き方がよくわかってきてみると、ぼくらは、それぞれの動物の「環世界」というものを考えることなしに、動物たちを理解できるとは思えない。

「動物に心があるか」ということを正面きって問うたのは、コウモリの研究で有名なアメリカのドナルド・グリフィンである。

彼は著書（『動物に心があるか』岩波書店／原書のタイトルは「動物の自意識」）の中で、「動物の心を問うことは不可知論である」という当時一般的だった論に対して、「それを不可知論だと言うこと自体が不可知論である」と厳しく反論した。

また、その後まもなく、グリフィンは『動物は何を考えているか』（どうぶつ社）の中で、動物が明らかにものを考えていると主張している。

ぼくも、多くの動物たちは何か考えていると思う。鳥が首をかしげて片目でじっとぼくらを見つめているとき、その鳥はきっと何かを考えているに違いない。ネコだってそういうときがあるし、イヌだってウマだって同じことだ。案外彼らは、ヒトってどうしてこう馬鹿げたことをするのだろうと考えているかもしれない。

動物たちが、状況に応じて適切な行動をとる例は、今では実によく知られている。これについては、動物にはもともと遺伝的、本能的に備わった二つないし三つの振る舞い方があり、様々な外界刺激に対して、そのどれかで対応するというのが、妥当な考え方だとされている。グリフィンは、これは怠慢な考え方だと、これまた手厳しく批判している。

いずれにせよ、多くの動物たちが何かを考えていることはまず間違いない。しかし、ぼくらのように言語を持たない彼らは、いったいどうやって考えているのか。

古くから、「言語なき思考」ということが言われている。これが、ヒトの意識・思考と非常に異なるところである。

動物たちが、いつも、すべてを考えて行動していると考えたら、これは変である。いわゆる本能的な部分は確かに多い。しかし、動物にも心があり、ものを考えていると考えた方が、ずっと現実的なのではあるまいか。ネコが夢を見ることは、ほぼ確かなのであるから。

「数式にならない」学問の面白さ

「学問」は役に立つか？

「おまえ、いったいなにやってるの？」

虫に対してそんな疑問をもったこと。それがぼくの学問の始まりといってもいいでしょう。なにしろ、虫というのは、なにを考えているのかまったくわからない。イヌやネコだったら、まだ、こちらがなにかをすれば、喜んでいるのか、怒っているかはなんとなくわかるんです。それに比べて虫は、確かになにか一生懸命にやってはいるけれども、いったいなにをやっているのかさっぱり理解できない。それがぼくにとってのいちばんの疑問だったのです。

例えば、チョウが飛んでいます。どこをどう飛ぶのか、なぜここを飛んでいるのか、それがぼくには不思議だった。ですから、そのことを十年くらいかけて研究し、どうにかわかるようになりました。「ああ、なるほどな」と納得できた。これは人から言わせれば、「一文の得にもならないことを……」となるわけですが、ぼくにしてみればとても満足だった。学ぶことの楽しさというのは、やはりそこにあると思うんですね。つまり「学問」とは、存在するあるものについて、それがいったいなんなんだと疑問をもち、とにかく知りたいと思う、まさにそのことなのではないでしょうか。

ですから、「それがなんの役に立つんだ」と言われても「人間の好奇心に応えるためだ」としか言えないのです。普通「役に立つ」というと、いわゆる応用的な意味で、それがなにかに活用できるということですね。けれども、人間には好奇心があり、それに応えられれば知的に満足できる。それだって十分人間に役立っていると言えるのではないでしょうか。

また、好奇心を呼び起こすものには、知的な、いわばポジティヴなものもありますが、「不安」という感情もそのひとつではあるのです。「なんだか怖い」「あれはいったいなんなんだ」という不安。それは正体がわかれば、「ああ、なんだ」と安心できるのです。

例えば、雷です。いまは雷が鳴っても「ああ、雷だ」とだれでもわかります。けれども昔の人にはなんだか理解できなかった。恐ろしいし、落ち着かない。ですからなんとか説明したいと思う。それで、例えば「天の怒り」であると一応の説明をします。すると今度は、それから逃れたい、自分のところに落ちてもらいたくないという、つまり支配したいという思いが沸き上がってくるのです。これは、学問というよりは工学の問題です。当時であれば、お祈りをしたでしょう。そのうちに、フランクリンという人が現れて、「どうやら電気で起きているらしい」ということを証明した。これはいわば雷の学問をしたわけです。雷は空気中の静電気の電気現象であり、そのときに光と音を発するということがわかった。そうなると昔に比べて怖くなくなります。「自分が悪いことをしたから、天が怒って罰しようとしているわけではなかった」と安心できるのです。するとまた、「なんとか雷を避けられないか」となる。電気を誘導してやれば自分のところに落ちないということがわかって避雷針がつくられる。つまりもう一度工学になるんです。そういう関係なんですね。

ですから、そういう意味でも学問はやっぱり役に立つんです。雷の例で言えば、避雷針の開発につながったということもありますが、理解できたことによって恐怖心がなくなり安心できたという部分も大きいのです。

「生物」と「生命」の違い

生物学というものにしても、結局のところ「生物とはなんなんだ」ということが根本です。その中に、いろいろな面があるわけです。家族の作り方から生き方の問題まで、とにかく全部知りたいというのが生物学という学問です。「生きているとはどういうことか」を知る学問だと言われたこともあるが、ぼくはやはり、「生きものたちがどう生きているか」を知ろうとする学問だと思っています。

いま、生物学を「生命科学」と言い換えるのが流行のようになっていますが、「生命」というのは、抽象的な概念です。一方の「生物」というのはつまり生き物ですから、そのあたりに生えている草だとか、歩いているネコだとか、葉っぱにとまっている虫だとか、それらが全部「生物」です。ネコは確かに「生命」をもっているかもしれませんが、それでは「生命」とはどういうものだと問われれば、どんなものだか説明できないでしょう。だから生命科学などという言葉はあまり安易に使わない方がいい。

また最近は「遺伝子工学」というものが話題になることが多く、これも生物学の一種だと考える人も多いようです。しかし、これはやはり「工学」です。つまり、いじることなんです。先ほども少し触れましたが、「学問」というのは本来は「いじりたい」ということではなく、「知りたい」ということだと思います。一方、「工学」というのはとにかくいじりたい。現実に存在しないものでもつくってみようと思う。それは人間の大切な知的活動のひとつですが、いまここで言っている、「学問」ではないのです。

「カラスはなぜ攻撃したのか」

ぼくの専門は生物学の中でも「動物行動学」です。動物というのはいろいろなことをする。その行動とはいったいなんなのかを知りたいという学問なんです。一九三〇年ごろが始まりですから、物理学などに比べればはるかに新しい学問です。

もっとも、動物の行動にはだれしも関心はもっていたんです。ですからそれを一応記述した人はたくさんいました。アリストテレスの時代から、例えば「キツネはずる賢い」というように動物の行動は観察されていた。ただ、それを体系立てる方法がわからなかっただけです。

一九二〇年代の半ばくらいに、動物行動学の開祖の一人ローレンツが現れました。彼は動物をたくさん放し飼いにして観察していました。けれども、動物たちがいま、どうしてこういう行動をするのか、それがやっぱりよくわからなかったんですね。

そんなあるとき、ローレンツがたまたま黒い水泳パンツをフッと手に持った途端、自分によく慣れていてそれまで攻撃したことなどなかったカラスたちがいっせいに飛んできて血が出るほど彼の手をつついた。彼にしてみると、その理由がまったくわからなかったんです。そこで「なぜ自分がこんなことをやられるのか」と考えてみて、その黒い水泳パンツが原因ではないか、と推測しました。

そこで今度は、こわごわとですが、黒い四角いカメラを持ってみた。けれども、それにはまったく反応しなかった。けれど、黒くて柔らかい、紙みたいな物を持ってみると、また攻撃してきた。つまり、この連中はなにか黒いダラッとした物を持っていると攻撃するらしいということがわかった。それで彼は、「きっと黒いダラッとした物が、カラスにとってはキツネかなにかに捕らえられた自分の仲間の、それも口からダラッと垂れ下がっている姿に思えるのではないだろうか」と考えました。本能的に、遺伝的に、そういうものを見たら攻撃するという行動パターンが組み込まれているのではと推論したんです。そして、その進化の途上で組み込まれたものが、なにかあるきっかけで行動として出てくるのであると考えたわけです。

それを彼は行動の「生得的解発機構」と呼びました。そういう視点で見ると、動物がある特定の状況でなぜその行動をするかがよくわかるというんです。そしてそれはその動物の種類によって違うのです。

だから例えばネコは、嬉しいときには安心してのどをゴロゴロ鳴らす。これはだれが教えたわけでもなく、生得的に、遺伝的に備わっていることです。

あるいはイヌだったら嬉しいときにはしっぽを振る。そのしっぽを振るということが、仲間も同じようにしていれば「こいつは喧嘩《けんか》をするつもりはないな」とお互いにわかるという効用もあるわけです。それで社会関係ができ上がっていくのです。

結果的に、イヌならイヌ、ネコならネコという種族はきちんと維持され、繁殖して子孫をつくっていくということになるのではないか、ローレンツはそう考えました。これが動物行動学の第一歩でした。

ローレンツは動物の行動を観察して、認識して、説明をして、すべて種族維持のためだという筋をつけました。けれど、そのうちにいろいろとわけのわからないことがみつかってきて、どうも動物は自分たちの種族維持のために行動しているのではないらしいということがわかってきた。

それを強調したのがドーキンスの「利己的な遺伝子」説です。簡単に言うと、動物は自分の種族の維持のためではなく、自分の遺伝子をもった子孫をできるだけたくさん後代に残そうとして一生懸命行動しているんだということです。

つまり、きっかけとか仕組みについてはローレンツの時代とあまり変わっていないのですが、なんのためにというところで、種ではなく、個体の子孫をできるだけたくさん残すためだ、種族が維持されるのはその結果であるとなったわけです。

数式にならない学問こそ大切

生物学、特に動物行動学というのはある意味で教えにくい学問です。それはつまり、試験の問題がつくりにくいということでもあるんです。

動物がなぜそういう行動をするかという理屈が昔はなかった。難しかったから、そこまでの理屈化がされていなかったんですね。その点、物理のような学問は全部理屈化されていますから、学校で教えやすい。ローレンツと並んで動物行動学の開祖ともいえるティンバーゲンにしても、最近になってようやく中学校の教科書で紹介されるようになりました。けれど、ティンバーゲンがトゲウオの攻撃行動の実験をしたのは、もう六十年も前の話なんです。

教えやすかったのは物質に関するところでしょう。例えばホルモンが行動をどう変えるかとか。たとえ、話がＤＮＡまでいったとしてもです。

ただし、遺伝学になると、一応メンデルの法則があって、その理屈から問題もつくれるわけですから比較的教えやすい。数値計算をして、一対二対一になるからどっちが優性か、もし遺伝子が二つあったらどうなるか……ある意味では理屈がついているから、問題を解くことが好きなような子どもにとっては、これはこれで面白いわけです。もっともそういう子どもが、動物行動学で大発見をすることはあまりないようですね。

子どもというのは変なところに関心をもっているはずなんですが、いまは学校が、その関心をみんな切り捨てさせてしまっています。試験の問題になりやすいことに興味をもって、うまく解けたことに満足感を覚えるような子どもは成績もどんどんよくなります。受験もうまくいくでしょう。一方で、どうもそういうことがあまり面白くなくて、曖昧《あいまい》なものと言いますか「どうしてここにこの植物が生えているのかな」とか、「この葉っぱはどうしてこんな恰好をしてるんだろう」などということに興味をもつような子どもは、試験に受かりにくいシステムになっています。

つまり、子どもの知的好奇心というのは本来いろいろなところを向いているわけです。ですから、「なにがなんでも数式にしなければならない」、「数式にならないものは学問ではない」という言い方をしてはいけないんです。

学問というのはやはり、子どもが「なんだろう」とやってみて、たとえ間違っていてもいいから、「ああ、わかった」と満足感を覚える、それが非常に大事なことなのです。それが「学問のすすめ」ということでしょう。

ぼくにしても、出発点は昆虫に対する「なにやってるの?」という疑問だった。それで昆虫を飼って勉強したいと思っていました。けれども小学生のころですから、昆虫学なんてどうしたらいいのかさっぱりわからない。それでも漫然とですが、昆虫学者になりたいと思っていたんです。しかし、両親は反対しました。学校ではいじめられるし、親は「昆虫学なんかやらないでとにかく学校に行け」と言うんです。その学校が嫌なんですから、やりたいと思っている昆虫学をやってはいけないと言われたら、もう、あまり生きていく気さえしなくなってしまいました。

そんなとき、突然に担任の先生が来て、「ぜひ昆虫学をやらせてやってください」と両親に手をついて頼んでくれたのです。すると父もあわてててしまって「はい、やらせます」と答えた。それで、晴れて昆虫学をやってもいいということになりました。本当に嬉しかった。そのときにはじめて自分の軸ができたわけです。

その後でその先生は「だけど昆虫学をやるには昆虫ばっかり見ていたって駄目だよ」と言うんです。「本を読むために国語もいる、あるいは地理もいる、日本の歴史も世界の歴史もいる」と。こちらも小学生ですから、「なるほど」と思う。なにしろ、大好きな昆虫学がやれるわけですから。思えば、すごい先生でしたね。

遺伝子たちのプログラムを信用せよ

いまの教育で問題なのは、学校制度が大学に入るためにあるということです。なにをやるかではなく「とにかく大学に入りなさい。そのためには……」ということですね。もちろん、それを軸にして頑張る子どももいるでしょう。頑張って、うまく大学に入れる子どもも確かに多い。ただし、そこで目標が無くなってしまいますから、迷い出すんですね。

「大きくなったらどうするの?」と聞かれたときに、「なんにもなりたくない」と言う子どもはいないと思うんです。ですから、なにか自分がフッと乗れるものがあれば、比較的簡単にそちらへ進んでいけるんです。そうなれば、やる気になって、いわば見よう見真似でドンドン自分で学んでいってしまう。子どもはそんな素質を必ずもっているんです。

ですから、まず大切なのは、いろいろなものを見せるということです。親であれば、自分自身の生き方であっていい。教育してやろうなんて思う必要はない。

ぼくの例をあげれば、よく学校をサボって原っぱへ行っていた。原っぱに行くと虫もいるし、トカゲもいるし、草も生えています。その中で、理由はわからないけれども、植物は好きにならなかった。不思議と虫が好きになった。それは『ファーブル昆虫記』があったからかもしれません。そのときにたまたま植物に関する面白い本でもあれば、植物に興味をもっていた可能性もあったでしょう。つまり、チャンスの問題ですね。

いまは、父親がサラリーマンであるという子どもが非常に多い。けれども、子どもは自分の父親がなにをしていて、どうして自分たちが食べていけるのかということがわからない。朝、会社に行くところしか見ていないわけですから、自分が大きくなってなにをするのかというイメージも湧きません。けれども、父親の仕事を実際に子どもが見れば、「ああ、これは面白い」と思うかもしれないし、あるいはつまらないと感じるかもしれない。それはいろいろあるでしょう。それでも、なにかを感じるはずです。

もちろん、それが母親だっていいんです。娘は母親を見ているわけですから、そういう子どもは例えば料理の仕方だって結構知っています。けれども、母親が勤めていて家事をしていない家庭では、やはり子どもも料理ができない場合が多い。けれど、母親がなにか仕事をしているということから、子どもはなにかを感じとっているはずです。

ですから、仕事をしている、もっと言えば生きているということはどういうことかを見せていることです。子どもはそこからいちばん大切なことを学ぶのではないでしょうか。これは、いくら先生が口を酸っぱくして言ったとしても、絶対に教えられることではないのです。

そもそもが「子どもを教育しよう」「導いてやろう」ということ自体がおかしい気がします。遺伝子たちは、自分たちが宿ったこの個体の中でとにかく生き残って、そしてやっぱり増えていきたいと「考えて」いるんです。

生き残っていくためには、子どもがいつまでも子どもでいたら困ってしまう。病気になってもなんとか治って育っていってくれないと困ります。遺伝子たちが協力して、なんとかして体をつくって大きくなる。だんだん育っていくうちに、覚えないといけないことがたくさん出てくるので、それは学習していく。そして大人になって、異性をみつけて、子どもをつくって……とそうならないと困るわけです。子どももつくりっぱなしではなく、育てなければならない。そのためには、職業もなければならない。だから遺伝子たちは大変です。

それでも、結局は遺伝子は自分たちのためにやっていることですから、絶対途中で駄目になるような子どもをつくるはずがないんです。もしそうであれば、そんな遺伝子たちはすでになくなっているはずです。

ですから、遺伝子たちのプログラムを信用しなさいということです。あえて「教育しよう」と気負うことはないと思うんですね。

今後の「学問」はどこへ向かうのか

いま、昔に比べると学問は大きく変わりつつあります。なにかしらの現象に、あるいは物に関心をもって、「それはいったいどうなっているんだ」と調べるような学問がずいぶん盛んになってきました。昔は物理学なら物理学、生物学なら生物学という、決まり切ったかたちのようなものがあって、そこから逸脱すると「それは○○学じゃない」と言われてしまうような風潮がありました。

例えば、ここに紅茶茶碗があるとします。紅茶茶碗というのは昔は学問の対象ではなかった。ところが、いまは紅茶茶碗の本というのがありうるわけですし、紅茶茶碗学というものがあってもいいんです。

紅茶茶碗はどういう恰好をしていなければならないとか、材質はこれでなければならないとか、あるいは色はどういう色が嫌われるとか、こういうものを作ったら売れないとか、そんな原則のようなものがいっぱいあるわけです。新しい原則が発見されることもある。これだってやはり学問です。

むしろ、これからの学問はどんどんそちらへ向かっていくのでしょう。従来、縦割りでやっていた学問が、ある目標に向かって総合的になる。そういうのが面白いとわかってきた。ぼくも、ある意味では昆虫を軸にして、日本史・世界史から、地理から、すべてをそこに入れ込んでしまおうということでいままでやってきたのだと思います。

ですから、最近は学際なんていう言葉がよく使われますが、そんなことは改めて言うまでもないことです。

本来、そこにひとつの興味の対象があるなら、なんでもそこに入ってくるわけです。学問とは、そういうものなのではないでしょうか。

これでいいのか子どもの教科書　生物

生物つまり生きものたちについては、小学校から教わっている。けれど生物「学」らしいことは中学が始まりらしい。そこで中学と高校の教科書をのぞいて見た（当時刊行されていたもの）。

中学の生物は「新しい科学」の第二分野に入っている。目次を見ると、１植物の世界　２地球と太陽系　３動物の世界　４天気とその変化　５生物のつながり　６大地の変化と地球、そして終章が地球と人間、となっている。

なにやらえらく理屈っぽい並べ方で、教育熱心な理科の先生たちが一生懸命議論して作り上げたものだということがひしひしと感じられる。

章の中を見るとこんな具合である。「花はどのようにして種子をつくるのか」「動物はどのようにして食物をとるか」「動物はどのようにして酸素をとり入れるか」――ほとんどが「どのようにして」という説明ばかりである。

子どもたちが科学に対して抱くのは「なぜ」「どうして」という疑問である。それを、どのようにしてとやってしまうと面白くなくなってしまう。

花はどのようにして種子をつくるのか、なんて発想は子どもたちはしないだろう。なぜ花を咲かせるの、と聞くのではないか。そうすれば、花はなぜこんな色をしているのかとか、なぜ虫が花に集まるのかという話にもなる。最近の生物学の研究によるとこうなんだという話にも広がっていくだろう。

科学はホワイ（Why）を問うてはならないと、昔われわれは教わった。なぜ花を咲かせるのかという問いに、それは種子を作るためだと答えては駄目だというのだ。何かの目的があるとすると、それは誰が設定したのかということになる。そうすると神の問題が出てくるから、目的論では駄目だというわけである。

しかし、それはあまりにも古すぎる議論だ。今の生物学の研究はそんな問題はとっくにクリアしている。遺伝子が自己を複製するのが生命の本質だとすれば、なぜと問うてもそこに神は出てこない。目的などなく、ただ自分のコピーを作っているうちに、生物がこんなに多様になったという面白さ。たとえばそれは、男と女はなぜいるか、という問題にもつながっていく。これは子どもに限らず、誰だって関心のあることだろう。それに対して、多様性を確保して病原菌への抵抗力をつけるためなんだと説明もできる。

また身近なところから、ネコはなぜ呼んでも来ないのか、と言ってみてはどうだろう。犬は群れで生活していたからリーダーの命令を聞くけれども、ネコは単独で生活するから言うことを聞かないのだと説明してやれば、興味を持つ学生もいることだろう。

どうしてそういう素朴な疑問から入らないのか。ぼくは昔から不思議でしょうがないのである。つまり発想が恐ろしく遅れているのだ。今度、教科書を読んでみて、昔とちっとも変わってないなあというのがぼくの印象である。

実は以前、かつて高校の生物の教科書作りに携わった人から聞いたことがある。教科書は大学の先生と高校の先生、それに出版社の編集者が編集に関わる。中身を書くのは主に大学の先生である。大学の先生たちは、なるべく新しく面白くしようと考えて書く。出版社の方も面白く良質で売れる教科書を作りたい。ところが、高校の先生が、これでは現場の教師が教えられないといって、面白い話を全部削ったり書き直したりしてしまうのだそうである。すると結局、できたものは以前と変わらない、旧態依然たるものになってしまうだろう。

思うに、高校の先生がたというのは、教育には意欲的なのだが、生物学の面白さを伝えることには意欲的ではないのである。勉強家だから、新しい研究や詳しいメカニズムを勉強して、それを取り入れようとする。でも、細かい話は断片的に入っているけど、全体のつながりはわからない。せっかく新しい研究を取り入れても、あくまでお勉強で教科書はこうあるべきというのが染みついているから、学生にとってみると何も面白くないのである。

じゃ、百歩譲って教科書はそれでいいから、高校の先生のためのネタ本を作るとしよう。生物学の面白い研究の話をいっぱい書くから、先生はそこから適当な話を選んで授業で話せばいい。ある人がそう提案したところ、高校の先生はそれも使いこなせませんという。ネタ本を渡したら、その通りに全部教えようとしてしまうから駄目なのだそうである。

それでは、高校の先生抜きで大学の先生と編集者だけで自由に面白い教科書を作ってやろうとしたのだが、結局理科系は生物を取る学生が少なくて商売にならないということで、取り止めになってしまったとか。大いにありそうな話である。

というわけで、ぼくは今の生物の教科書に対して非常に幻滅を感じている。もっとも、高校の先生のほうからすると、諸悪の根源は大学入試だという。それを言われるとぼくら大学の教師は一言もない。

大学で教える側にとってせめてもの救いは、高校までこういうつまらない教科書で教育を受けているから、学生が大学に入って生物学の最先端の研究に触れると、実に新鮮な衝撃を受けるようで、非常に面白がり興味をもってくれることである。

臨床とナチュラル・ヒストリー

もう何年前のことになるであろうか。ぼくはある学会のポスター・セッションでの発表を順々に見てまわっていた。その一画には心理系の発表が多かったので、とくに関心をそそられていたのである。

〝ご説明しましょうか?〟という発表者のことばに応じて、ぼくはその発表の説明を聞いた。どんなテーマだったか今では憶えていないが、何だかものすごい実験を組んだ研究で、それ自体はおもしろかったのだが、人間での具体的な話とどこでどう結びつくのか、ぼくには今一つわからなかった。

〝臨床心理学の人たちともいろいろコンタクトがあるのでしょうね?〟というぼくのおずおずとした質問に、発表者ははっきりこう答えた——。〝できるだけ関係をもたないようにしています。たとえば京大教育の人たちなどとはね。臨床心理には理論なんてものがないんですよ。

あれは学問じゃありません!〟

ぼくは相当にびっくりした。ぼくらが同じ心理学の領域だと思っている中でのこの敵対意識は、いったい何なのだ?

そのとき考えるともなく頭に浮かんだのは、かつての生物学論争であった。ワトソン―クリックによるDNAの二重らせん構造の解明以来、一気に分子生物学が興隆しつつあった一九六〇年代のことである。

〝生命とは何か?〟を明らかにしようとしている生物学は、もっと理論的に重要なことをやらなければいけない。分類学だの形態学だの生物の生態だのという具体的な生物の研究は、理論的なもののない切手集めのようなものだ。そんなものはやめて、生命の理論的構成に迫る核酸の研究をせねばならない。かいつまんでいえばこういうことであった。

その少し前まで〝理論生物学〟の錦の御旗であった〝生命とはタンパク質の存在形態である〟というエンゲルスのことばは、もはや色を失って、世は核酸、DNAの時代になっていたのである。

こうして、生物学ではDNAと情報理論が主流となった。〝理論のない〟分類学を志す者はほとんどいなくなり、生態学は一見〝理論的に思える〟物質生産や個体数変動の研究に熱中した。具体的な生物など、もうどうでもよかったのである。

その後約三十年。今、人々はことあるごとに〝生物多様性〟を口にする。いったいどういうことなのか?

かつての生物学論争のとき、ぼくは大約こういうことを書いた。——〝理論から理論、抽象から抽象へ走るのは学問ではない。具体から抽象へ、抽象から具体へと、たえず動きつづけてこそ学問である。〟

この、あえていうまでもないことを、ぼくはきわめて大切にしてきた。

たとえば、農林業の現場での害虫防除の特効薬的存在だった昆虫の性フェロモンの仕事がそうである。主に夜行性の昆虫のメスは、遠くにいる同じ種の昆虫のオスだけを誘引し性行動にいたる。そのとき、メスが空気中に放出する性フェロモンについて、人々はその誘引や種特異性の機構、何分子で有効か、昆虫の感覚器内での作用などを研究していた。しかしぼくは、その虫が、自然界のさまざまな状況の中で性フェロモンにどのように反応しているかをきわめて具体的に調べていったのである。そこで明らかになったのは、性フェロモンの物質の機械的作用ではなくて、虫のオス・メスの主体的行動が、オス・メスの出会いの鍵になっているということであった。自然状況のもとでは、オスは性フェロモンだけでメスに到達するのではなく、最後に目でメスの姿をみつけねばならないこともわかった。これはその後、フェロモンを利用した害虫防除の方法を変革することになった。

つまりぼくは、きわめて〝臨床的〟な研究をしてきたのである。アゲハチョウのサナギの保護色を研究していたときにも、〝いつも必ず緑色か褐色のサナギになる純系を育種していったらもっとかんたんに解析ができるのではないですか？〟という忠告には一切従わなかった。純系など存在していない自然界の中でなぜあのように時と場合に応じて見事な保護色になれるのかを、ぼくは知りたかったからである。この文の冒頭でぼくがびっくりしたと述べているのは、心理学の場合でも同じことなのかと感じたからである。

ぼくの『帰ってきたファーブル——現代生物学方法論』（講談社学術文庫）の論旨からすれば、〝臨床〟とはナチュラル・ヒストリーである。今日におけるナチュラル・ヒストリー的アプローチの重要性を強調しているぼくは、心理学研究においても〝臨床〟こそ学問展開の鍵であると思っている。

新世紀の思考　緩やかなきずな

何年か前から、ぼくの家には一匹のネコがいる。ある理由でオワと呼ばれているが、ネコが自分のこの名前を意識しているかどうか、よくわからない。

それはともかく、このネコの行動を見ていると、じつにおもしろい。

さっきまでソファの上で丸くなって眠っていたのに、ふと気づいてみると、もういなくなっている。きっと外へ出ていったのだろう。

それから一、二時間。ぼくらはネコのことは忘れて食事にとりかかる。すると半開きになっていたドアのすきまから、オワがすーっと入ってくる。「あ、帰ってきた、オワ、オワ」と声をかけるが、「ただいま」という顔をするわけでもなく、ニャアと答えるわけでもない。ほとんどぼくらのほうを見ることもなく、ぴょんとソファの上に跳びのって、体をなめはじめる。まるでぼくらの存在なんか関係がないみたいだ。人の顔をみてにっこりあいさつをするでもなく、こちらが声をかけても振り返ることもない。ましてや「おいで、おいで」といくら手を差しのべても、知らん顔でいってしまう。ぼくらのことなどには何の関心もないらしい。まるで世の中でいう近ごろの若者たちのようだ。

ところがである。天気のよい日曜日などに、春の花に誘われてぼくら家族三人がみな庭に出てしまうと、いつのまにかネコも庭に出てくる。さっきまで家の中のいすの上でぐっすり眠っていたはずなのに。

そして花を眺めて話を交わしているぼくらのそばにきて、ころんと地面に寝ころがり、あおむけになる。手を出しておなかを撫でてやると、いかにもうれしそうに目をつぶり、ごろごろいう。

そういえば、昔、家に何匹かのネコがいたころ、庭でバーベキューを楽しんだことがあった。ネコたちはみんな家の中にいて、いくら呼んでも出てこようとはしなかった。けれどふと気がつくと、庭の片隅の物置の上に一匹、バーベキューのかまどわきの台の上に一匹、そこから少し離れたところに積んである箱の上にまた一匹と、ネコたちはみんな庭に出てきていて、それぞれ思い思いの場所に寝そべり、ぼくらのほうを見るともなしに眺めている。そしてそれぞれにみな満足気な顔をしている。

だからといって、呼んだら近寄ってくるわけではない。おいしそうな肉を差しだしてやっても食べにくるわけでもない。ただ寝ころがってぼくらを眺めているだけである。

ネコたちは人間の近くにいたいのだ。人間が近くにいると安心なのだ。逆に人間がみな家から庭へ出てしまうと何か不安になるのにちがいない。といって人間にすり寄ってくるわけではない。

ましてやネコをつかまえて、抱きしめてやったりしたら、ネコはほんの少しの間はじっと耐えているけれど、ほどなくもがき出るようにして人間の手から脱けだし、離れていってしまって、しばらくは近寄ってこようとしない。

ネコたちは人間との緩やかなきずなを求めているのである。

ネコを見ているとじつにおもしろい、といったのはそういう意味においてである。

ネコたちは人間に飼われているのではない。ぼくもネコを「飼って」いるつもりはない。ネコたちがぼくらの家に「いる」だけなのだ。

ネコたちにとって、人間の家は安全なところだ。けれど自分たちには自分たちの自由もあり、冒険もある。彼らがときどき外へ出ていくのはそのためだ。

外へは家の中にはない探索や狩りの楽しみもある。小さなネズミをみつけて、じっと身がまえ、一瞬のチャンスをつかんで躍りかかって捕らえるという、こたえられない喜びもある。けれどそうやってつかまえたネズミを、ネコたちはぼくらの家に持って帰ってくる。それはぼくらに見せびらかすためではなく、単に安全なところで食べたいからである。

外へ出ればイヌもいるし、他のネコに出会うこともある。そういうこわい目にあったら、ネコたちは一目散に家に戻ってくる。家には人間たちがいて、こわいのらネコは入ってこないからだ。

だからネコたちは人間を必要としている。人間のくれる餌だけが問題なのではない。餌は大事なものであるけれども、必ずしも人間に恵んでもらわずとも、ネコたちは食べていける。ぼくの家のネコたちは、家でもらうキャットフードを食べながら、近くの山でネズミを狩っては持ち帰り、キャットフードよりおそらくは数倍もおいしいであろうネズミを、さも満足そうに味わっていた。

けれどネズミの大切さはグルメの珍味としてではなく、ネコという動物の本来の生きかたである狩りの対象としてである。

ネコのことばかり書いてきたけれど、ぼくが何を言いたかったかはわかっていただけると思う。

人間もネコと同じく狩りによって生きてきた動物である。農耕もするが、農耕の起源はずっと新しいし、その収穫に際しては狩りに通じる喜びがある。

そして人間も、ネコと同じく安全な場所を欲している。心を許してくつろげる場所、それは自分の家であり、コミュニティーの中である。

しかしここでもまたネコと同じく、人間は自分の家で飼われているのではないし、コミュニティーに飼われているのでもない。単に、といってはいけないかもしれないが、やはりそこにいるだけなのである。

二十世紀にはそのあたりが倫理的に認識されすぎていたような気がする。新世紀にはそんな倫理観から自由になってよいのではないだろうか？　そうなってもそこに倫理がなくなることはないのだからである。

能はなぜ退屈か

長い間ぼくには能というものがわからなかった。渡された筋書きをみても、今そのどこを演じているのか、さっぱりわからない。舞は美しいが、それが何を意味しているのかわからない。謡《うたい》はほとんどことばが聞きとれず、何を言っているのかわからない。

これでは日本人として恥ずかしい。なんとかしてこの日本の誇る能をわかりたいものだとぼくは思って、機会があるごとに能を観にいった。しかし、何度見にいってもわからないことに変わりはなく、能は退屈なもののままだった。能楽堂で眠っている人が多い理由もわかるような気がした。

あるときぼくは、ふと気がついた。ひょっとしてこれは動物の行動と同じことではないのか。動物たちのしぐさにはそれぞれ約束事があって、同じ動物どうしならそれが理解できる。だから動物たちは言語なしにお互いの思いを伝えあっているのだ。能もそのように観たらわかるのではないか。

けれどまもなく、これはまったく的はずれであることがわかってきた。能のしぐさには多少の約束事はあるものの、何かの気持ちを表すのにいつもきまった型というものがあるわけではないからである。

ぼくは混迷のままであった。

そんなとき、当時京都大学理学部動物学教室の研修員であった桃木暁子さんが、能の研究をしてみたいと言い出した。それはおもしろい、ぼくも前から興味がある、というので早速とりかかることにした。

いくつかの曲を見た中から、「海女《あま》」をえらび、NHKのビデオを何度も何度も見て、舞の動きを詳しく調べた。いうまでもないがこの曲は中国から贈られた宝物の玉を海中に落としてしまったので、それを取りに海へ潜り、命をかけて取り戻してきた海女の亡霊の物語である。海女を演じるシテはゆっくりと二、三歩前へ進み、そこでちょっとかがむような動作をする。ついでシテは、少しうつむく。これらの動きが何を意味しているか、舞だけではまったくわからない。

僕らはビデオでの舞の動きを追いながら、謡の台本を見ていった。そこですべてが明らかになった。

海女がほんのちょっとひざをかがめるとき、謡はこう述べている。――「さかまく海にとび入りたり。」そうか、あの動作は海にとびこむことを意味しているのだ！ ついで海女がうつむいたとき、謡はこう述べていた。——「直下をみれど底もなく。」そうか、下を見たが、底も見えぬほど深かった、ということなのか！

謡を知り能を知っている人にはまったく当然のこのことがわかってみたら、あとの理解はかんたんであった。謡がすべて説明してくれているのである！

「能の舞はシンボリックである」とたいていの説明には書いてある。けれどちっともそうではないことにぼくらはこのとき気がついた。ひざをかがめる動作も、うつむいて下をちょっと見る動作も、全然シンボリックではない。ただ動作がごく小さく控え目になっているだけだ。

世阿彌自身、「舞はものまねである」というような意味のことを書いている。それがどうして「シンボリック」だということになってしまったのだろうか？

詳しいことは桃木さんが英文で書いた論文に述べてあるが、ぼくらはこのことを国際動物行動学会で発表した。最初に話の筋だけをしゃべってから見せた能のビデオに聴衆は無言だったが、次に謡の英訳とともに同じ場面を流したら、一斉にどよめきがおこった。

地球環境学とは何か

地球環境学という新しい分野の学問の存在が強く意識されるようになってきた。「地球環境学」と題する書物もふえてきている。二〇〇一年の四月には、新しい国立の「総合地球環境学研究所」が文部科学省の大学共同利用機関として設置され、地球環境学はいよいよ〝公式の〟学問分野となった感がある。けれど、では地球環境学って何ですか?と聞かれたらどう答えたらよいのだろう? こんなことばはもちろんまだどの辞書にものっていない。

じつは地球環境学なる学問体系はまだ存在していない、地球環境のことを研究するのだということはわかるけれど、どのような手法で、どのような論理体系でできあがっているのか、まったく未知なのである。

そのことは総合地球環境学研究所のパンフレットを見ればわかる。そこには〝総合的視点に立つ「地球環境学」とも言うべき学問構築が不可欠です〟と書かれている、「地球環境学」はこれからみんなで構築していく学問なのである。

地球環境問題

いずれにせよ、発端はいわゆる「地球環境問題」である。英語で Global environmental problems とか Global environmental issues とか呼ばれているものである。

じつはこの英語にもいろいろな異論がある。たとえば global environment とは何だ?という議論である。つまり global environment とは globe すなわち地球をとり囲む環境だから宇宙大気のことではないか、それはわれわれが問題にしている地球上の(地球表面の)さまざまな問題とはちがう、という議論だ。

たしかにそれも一理ある。けれどとにかく今われわれが問題にしているのは、われわれ人間が生きている地球上におこっているもろもろの問題であることはまちがいない。そこには次々と新しい問題がおこってくるので、これこそが真の地球環境問題であるといえるようなものではない。存在しているのは〝いわゆる地球環境問題〟なのである。

地球環境問題の根源

ではなぜそのような問題が次々におこってくるのか?

地球上にはかつてから今日までに何百万種とも何千万種ともいわれる動物が存在してきたが、それらの中でこのような〝いわゆる地球環境問題〟という問題をひきおこしたのは、われわれ人間(*Homo sapiens*)という種だけである。なぜそのようなことになったのであろうか?

それは人間が自分たちは自然とは一線を画した存在であるという認識をもち、自然と対決して生きていこうとしたからではないか。かつてわれわれ現代人の祖先である初期の人間たちが、火を〝発明〟し、死を発見し、洞窟絵画を描き、初歩的な農耕を始めたとき、自然と対決するという生き方が始まったのであろう。

この生き方は、人間以外の動物たちとはちがう人間独自の生き方であり、それはことばのもっとも広い意味で人間の〝文化〟だといってよいだろう。

人間はこの〝人間の文化〟によって自然と相対し、一方では自然と闘って自然を征服し、他方では自然を利用し、また他方では自然を客体化して自然界の法則性を知ろうとし、あるいは自然界にはない美を創りだそうとした。そして自然の中にある〝死〟というものを発見してしまったとき、それに対して必要になる何らかの信仰心ももつようになった。

このような中で人間は、自然とは一線を画した人間としての誇りをもちながら、自然と対決しつつ苦労して生きてきた。そして大局的にみて成功した。現在までの人間の、狭い意味での文化・文明はすべてこの広い意味での人間の〝文化〟の上に成り立っている。

けれど所詮これは自然との対決の上に立ったものである。人間が自然に何か働きかければ、必ず自然からもその反作用があるはずである。それはたいていは人間の意図とは反するものだから、人間はそれに対してまた何らかの働きかけをする。そしてまたそれに対して自然からの反作用がある。こうして人間と自然との間には相互作用の環ができあがっていった。

現在になると、人間のある働きかけに対して、自然のどこからどのような反作用がおこってくるのか、予測もつかないような状況となった。

たとえば飛行機が飛ぶことによって飛行機雲ができるのは当たり前のことのように思われるが、人間が飛行機を作って飛ばすまでそんなものは自然界に存在していなかった。しかし高空を飛ぶ高速の飛行機によって飛行機雲ができるのは、自然界の当然の反作用である。飛行機雲が生じても飛行機の飛行には何の障害もなかったから、人間はそれに対してとくべつな処置はしなかった。しかし近年、その飛行機雲がもとになって雲が生じ、曇り日がふえてくるのではないかということもいわれるようになった。もしそれがほんとうなら、人間が交通の便利さのために作りだしたものが、農作物の生産に影響を与えることになるかもしれないのだ。

人間の自然への働きかけが、取り返しようのない結果を生じた例はいくらでもある。その一つはかつては世界第四番目に大きな湖であったアラル海の事実上の消滅であろう。話はよく知られているとおりだが、そこで人間はそれ以前なら長い長い年月にわたっておこる自然界の変化を、あっという間にひきおこしてしまったことになる。このようなことのもろもろが、いわゆる地球環境問題となっているのである。

地域における人間―自然系相互作用環の解明

そのような状況にある今日、われわれが早急になすべきなのは、この人間と自然系の相互作用の環がどうなっているのかをきびしく研究して解明することである。

これは当然のことであり、従来からも多くの研究者によってなされてきたことであるが、ここで少なくとも二つのことを意識しておく必要がある。

一つはそのような研究は、いきなり地球全体でなく、まず〝地域〟についておこなわれるべきだということである、

たとえば、しばしば口にされる地球温暖化といっても、そのおこり方は地域によってさまざまに異なりうる。暖かくなったら乾燥する地域もあるだろうが、降水量がふえる地域もあろう。寒冷化する地域だってあるかもしれない。それに応じて対処のしかたも異なるのだ。

そして、個々の人間はつねにどこかの地域に住んでいる。いくらグローバルの時代だといっても、グローバルに住んでいる人はいない。そして問題はつねにそれぞれの地域でそれぞれに固有の形でおこるのである。

それにどう対応するか。その結果がグローバルな問題につながるのであり、それぞれの地域

でのやり方の比較がグローバルなことに対する思索につながるのだ。最初から人工衛星のグローバル情報だけを見ていても、おそらく何をしてよいかはわからないだろう。

もう一つは、人間と自然系との相互作用環なるものの多面性である。

かつてぼくは、アフリカのある湖で世界じゅうどこでも問題になっている水の富栄養化がおこった結果、魚の雑種化が進んで生物多様性がおびやかされているということを知って、いろいろと考えてしまった。

魚の雑種化は水が濁ったために魚たちが同種か異種かの判別ができにくくなった結果である。湖の富栄養化によってこんなことがおこるとは想像もされていなかった。これも自然からの思いもかけぬ反作用であったが、富栄養化のほうの原因も複雑である。利便化を求める人間の生活様式の変化、廃水処理に対する行政の対応、農業生産様式の変化、たとえば〝水に流す〟という表現に示されているような水へのある種の信仰心、その他さまざまなことがからまっているだろう。

要するに問題は水中の溶存チッソやリンの量がどれくらいかということにはとどまらないのである。その原因を解明しようとしたら、じつにさまざまな研究領域の人々の関与が必要となる。

自然系のほうの反作用にしても同じである。水質が悪くなって魚が死ぬとか発育が悪くなるとかだけの問題ではない。魚の配偶行動戦略や論理の研究も不可欠になる。

要するに人間と自然系の相互作用環の実態を明らかにするためには、さまざまな視点から見た、まさに〝総合的〟な研究がなければならないということである。

真の総合を具体化するシステム

このような総合を実現するにはどうしたらよいのであろうか？　その名も〝総合〟を冠した新設の総合地球環境学研究所の考えを述べておこう。

まず、省庁統合のこの時期にわざわざ新しい研究所を作った理由。それはそこにいわゆる理系・文系を問わず、さまざまな領域の研究者が一堂に集まって、現実の姿をさまざまな視点でみつめながら、意識を共有し、問題設定の段階から一緒になって議論するためである。

この研究所は政策提言をするのが目的ではなく、あくまで学問的に実態を把握するためのものであるが、研究というものはえてしてタコツボ的に分化していってしまう。それを避けるために、明確な目的（mission）を掲げた研究プロジェクトをいくつか組み、その目的に向かって、多数の研究者がそれぞれ得意の領域をベースにしつつ、問題の全体像を明らかにしていこうとするのが、この研究プロジェクト方式の特徴である。

必要な視点はそれこそ無数にあるが、それぞれのプロジェクトは所内の研究者だけでなく、他の研究所や大学との流動連携とでもいうべき新しい方式に沿ってコア・メンバーを組み、それを中心として研究を進める。そして必要に応じて協力研究者の力を借りる。

プロジェクトとしてどのような問題に取り組むかは、研究所としての徹底的な議論を経て立案する。そしてそれをすべて研究所外の委員から成る評価委員会で評価してもらった上で実行するかどうかを決定する。これはいわゆる研究のための研究に陥るのを避けるためである。

一つのプロジェクトはおおむね五年を目途として、設定した問題への答えを出す。そして研究所はその答えがもつ意味と全体像を、文庫本やテレビ番組を含むいろいろなメディアを通じて広く一般の人々に伝える。その根幹は、この地域では何をやってはならないか、その理由は何か、ということになろう。

おおよそこのような仕組みでいわゆる地球環境問題の解決を目指した学問的研究を展開していこうというのが、総合地球環境学研究所の考えであり、すでにそのような考え方に立って実際の研究が始まっている。

まさに人間の〝知〟を試すものとなる地球環境学がどのような形で構築されていくか、次第に明らかになっていくであろう。それは従来の学問体系なるものとは異なった形になっていくかもしれない。しかし未知なるものへの挑戦こそ、個人にとっても国にとっても学問として価値があるのだとぼくは思っている。

Ⅲ

フランス家族の中の九ヵ月

今からもう三十年以上前になる一九六四年から一九六五年四月まで、当時東京農工大学農学部助教授であったぼくは、日仏技術交流留学生として約九ヵ月ほどをフランスで過ごした。

ぼくがフランスで何をいちばん学んだかといえば、それはやはりフランスの家庭についてであった。

フランス人はふつう、外国人留学生を九ヵ月もの長期にわたって自分の家に泊めるなどということはしない。けれどぼくを招いてくれたルネ・ボードワン（René Baudoin）パリ大学（教養部）教授は相当に変わった人で、一家でぼくを家族同様に扱ってくれたのである。帰国後三十年経った今でも、「ここはフランスにあるお前の家だぞ」といい、ぼくもまったくその気になっている。

そんなわけで、ぼくはフランスの家庭を食事から夫婦げんかに至るまで、かなりよく知ることになった。そこには日本文化との大きなちがいがあった。

　ぼくの部屋はボードワン家の二階にあった。もともとボードワン氏の部屋だったのを、ぼくのためにあけてくれたのである。机や壁には家族・親戚の写真が所狭しと貼られていた。それらの人々にぼくは次々と家族の新しい一員として紹介された。

　朝起きて階下へ下りていくと、台所に朝食の準備ができている。フランスパンのバゲットとナイフがパン切り板の上にさりげなくおいてある。ナイフはふつうのほうちょうで、ぎざぎざ刃のパン切りナイフなどというしゃれたものではない。そして人数分のボール、テーブルの中央には角砂糖とバター、ガスレンジのいちばん小さい火のところにはコーヒーとミルクが弱火で温められている。

　男物のご飯茶碗より一まわり大きい硬質ガラス製のボールに半分ぐらいコーヒーを注ぐ。それにミルクをなみなみと加える。いわゆるカフェオレができるが、日本の「オーレ」などとくらべたら莫大な量だ。これに大きな角砂糖を五、六個入れる。甘い！

　そしてバゲットを斜めに切り、バターをたっぷりぬる。そのまま食べてカフェを飲むこともあるが、たいていはバターつきのパンをカフェに浸して食べる。こうすればパンがいくら固くなっていても、やわらかになり、苦くて甘いカフェとバターとそして新鮮なミルクの味がまじりあって、その香ばしいおいしさ、カフェには融けたバターがギラギラ浮く。日本ではとても考えられないすさまじさと味だ。

コーヒーのいれ方がまたちがう。前日の晩、主婦は四つ割りのフレンチコーヒーのまっ黒い豆を鍋に入れ、一時間近くにわたってぐつぐつと焚《た》く。コーヒーをいれるのでなく、焚くのである。そして朝、家族より先に起きた主婦は、ガウンつまり寝間着のまま台所へ下りてきて、ガス台に火をつけ、朝早く配達されている牛乳も火にかけ、食器やパンを並べて、自分はまた寝てしまう。あとは家族がそれぞれの時間に下りてきて、いずれもガウンのまま朝食をすます。

この朝食はフランスのきわめて伝統的なものだ。パンとミルクとバターと砂糖。そのカロリー量は莫大なものだろう。けれどすでにそのころ、これでは栄養的によくないという声もでていた。子どもにコーヒーはいけないというので、バナナの粉末からつくったという「バナーニャ」なる奇妙な飲みものも、テレビのCMや地下鉄の壁広告で宣伝されていた。大学の若い夫婦の家に泊めてもらうと、朝食には必ずジュースとサラダがついていた。

日曜日には一家そろって昼食をする。一家といっても、ボードワン夫妻と娘のジュヌヴィエーヴ、それとぼくだけだ。食卓は同じく台所のテーブル。それぞれの前にスープ皿が一枚と、ナイフ、フォーク、スプーン。ボードワン夫人がスープを鍋から皿につぐ、「バター入れますか?」ボードワン氏はたいていバターを大きく切ってスープに入れる。

スープを飲むときは、もちろんフランス式だ。日本人がテーブルマナーとして習うのとは反対に、スプーンを向こうから手前にもってきて口に入れる。最後に皿を手前向きに傾ける。「日本ではこうする」といってやってみせたら、早速にボードワン氏一流の論評があった。「それはイギリス式だ。イギリスは料理がまずいから奇妙なマナーを作ってまずさをごまかしているのだ。スプーンを向こうむきに動かすなんて愚の骨頂だ。口はこっちにあるんだぞ！」

スープがすむと、パンで皿を拭う。そこへボードワン夫人が肉か魚を置く。その食べ方がまたちがうのだ。左手にフォーク、右手にナイフを持って（これは同じだ）、肉か魚を全部切ってしまう。それからナイフをテーブルに置き、フォークを右手に持ちかえ、左手にはパンをちぎって持つ。そして左手のパンで肉か魚の一切れを押さえながら、右手のフォークにのせて口に運ぶのである。じつに食べやすい。パンは食器なのである。もちろんときどきパンも食べる。パンにバターをつけたりはしない。肉か魚のソースでおいしく味がついている。

次にまたパンで皿を拭く。フォークの先にパンをつけて拭くこともあるが、手で持って拭くこともある。それはどうでもよいのだ。そしてサラダ、デザートのチーズかフルーツのときは少し小さい皿に替えるが、メインは皿一枚である。何と合理的なこと。主婦の仕事も大幅に減る。もちろん客を呼んだときは、まったくべつだ。

子どもが教わる食事の作法もぜんぜんちがう。そもそもあまり作法がうるさくないのだが、次の二つだけはきびしく仕込まれる。第一、左手に必ずパンを持つこと。第二、だまって食べずに必ずおしゃべりをすること！

サラダやスパゲッティーの食べ方も驚きだった。まずナイフとフォークで全部小さく切ってしまうのである。そしてフォークを右手に持ちかえ、左手にパンを持って押さえながら食べる。

どれほど食べやすくて、おいしく食べられることか。ボードワン氏のいう通りだと思った——「とにかくおいしく食べるのが重要なのだ。」

どうにもがまんできなかったのがナプキンとナプキンリングだった。そもそもナプキンというのはフランス人が発明したものだそうであるが、その使い方にはびっくりした。一人一人のナプキンはきまっていて、一週間は同じのを使いつづけるのである。ナプキンで口のまわりを拭いたり、ひどいときはナイフを拭いたりするのだから、三日もすればナプキンは臭くなってくる。それでも食事が終わったら、めいめいナプキンを自分のナプキンリングに収め、それを台所に並べておく。ナプキンリングは一人一人ちがい、みんな自分のを憶えておくのである。ナプキンリングはおしゃれな主婦の見栄のためとばかり思っていたぼくは、ほとんど仰天した。同じことはバスタオルについてもいえる。フランスとは不潔なところだと思ってしまった。

夏のバカンスになって、一家は大西洋の島にある別荘で一ヵ月ほど過ごした。

そこでの洗濯のとき、ボードワン夫人はふしぎな道具を持ち出してきた。要するに巨大なパーコレーターである。つまり高さ一メートル直径七〇センチぐらいの金属製の円筒の中に、パーコレーターならコーヒー豆を入れる穴のたくさん空いたしかけがある。この中に洗濯物を入れ、水を張って粉石けんを落とし、道具を火にかけると、沸いた石けん水が中心の管を通って噴きあがってきて、洗濯物の上に落ちる。一時間もこれを続けると、洗濯物はきれいになる。という次第だった。

「こんなものいつからあるのですか?」と聞いたら、当時もう六十歳近かったボードワン夫人はこともなげに言った――「私のおばあさんが子どもだったときからあったそうよ。」

令嬢ジュヌヴィエーヴは、十二月に結婚することになっていた。ぼくは十一月からアルザスのストラスブール大学にいる別の先生のところへしばらくいくことにしていたので、出かける前にお祝いをあげたいと思った。「ジュヌヴィエーヴ、お祝いには何がいい?」彼女の答えがぼくには理解できなかった。「地下鉄のショッセー・ダンタンの駅前に、こういうお店があるから、そこへいってちょうだい」こういって彼女は店の名前を書いてくれた。何のことやらさっぱりわからない。「大丈夫。行って私の名前をいえばわかるから。」

狐につままれたような気分でぼくはその店を訪ね、ジュヌヴィエーヴ・ボードワンさんのお祝いのことなんですが、といった。店の人はフランス人一流のしぐさと笑顔で、「ウイ、ウイ、ムッシュー」といいながら、一冊のリストを出してきた。それにはジュヌヴィエーヴと夫になるドミニック・ブレジャーが二人で選んだ欲しいものがリストアップされ、それぞれの値段もついていた。「この中であなたがこれを贈ろうというものを選んでお買上げ下さると、式の前に全部まとめてお祝いの品が届くのです。」これでやっとわかった。ぼくは手頃な値段のものをいくつか選び、店に並べられている現物をみて、ぼくの趣味にあったものを選んだ（残念ながらそれがどんなものだったか憶えていない）。しかし、何といううまいシステム。日本ではまだこのシステムはないようだ。

それやこれやで、フランスの「家政」についていくばくか学んだし、夫婦の関係や男と女の関係もよくわかった。夫婦については日本と似たようなものだが、男と女の関係については、つくづく大人の文化だな、と思った。

北極観光船

一九九二年七月半ばにスピッツベルゲンに行ったとき、北極観光船があるというので、なかなか高いのですが、折角ここまで来たのだからというので乗ることにしました。キングスベイ湾と言うところで、周りは全部氷河です。途中で何ヵ所か上陸するんですが、船が接岸できないのでゴムボートを降ろして、救命胴衣をつけてもらって行きます。しかし海水温二度ですから、こんな救命胴衣をつけていてもどうしようもないと思いました。ぼくが入った一番低い水温が五度か六度ですが、六度だともう二分とは我慢できないですね。手が動かなくなっちゃいます。

北緯八〇度からまたずうっと北へ行くと、何かの用事でこの観光船が止まって連絡をしていたんですが、船が止まっている間にわいわいと何か騒ぎが起こったんです。何かと思ったら、なんと船からガイドの男の子と女の子が水に入って泳いでいるんです。摂氏二度の水に入ってね、平気で泳いでいるんです。それから上へ上がってきたから、「寒くなかったか?」と聞いたら、「いやあ、別に寒くはなかった。水はとても良かった」と言うんです。

この辺の気温は摂氏0度でしたから、0度のところで水に濡れていて、風はビュービュー吹いているんですよ。ちょっとやっぱりすごいなあと思ったんです。女の子はカトリーンといって、服を着ているとすごく可愛い女の子なんですが、裸になったのをよく見るとその腕はぼくの腿《もも》と同じ太さあるんです。これは可愛いからロングイヤービューエンに帰ったら、ちょっとどこかに誘おうかなあなどと考えていたんですが、この腕の太さをみたらとてもだめだと諦めました。

やっぱり、この辺の人たちは日本人と体質が全然違うんです。皆さんが知っているとおり体温も高いし、体格も全く違うんですね。とにかく寒いところに非常に強いですね。日本人じゃこんな所では泳げませんけれども、この人たちは平気です。

心に残った外国語

So many interesting things happen in a small space.

一九六一年はとくに思い出深い年である。

動物学などという分野へ進んでしまったために、大学院を終わっても就職の当てはなかった。ところがひょんなことで、一九五九年一月、東京農工大の農学部に拾われた。一般教育部の生物学担当、農学部の農業昆虫学兼任。若いからとりあえず専任講師でということだった。旧専門学校から昇格した貧乏大学だ。小さな小さな部屋を一つもらい、リンゴ箱を積みあげてつくったお粗末な研究室に、農業昆虫学を志す農工大昆虫研究会の学生数人と同居することになった。

じつに狭くるしい部屋だった。けれど、みんな希望に燃えていた。ぼくはアゲハのサナギの保護色ホルモンに熱中していたし、学生たちはそれぞれに、ギフチョウがなぜ毎年早春にチョウになるかとか、チョウの春型・夏型などという季節型はどうして決まるのかとか、モンシロチョウのオスはどうやって自分のメスをみつけるかとか、大げさにいえば当時かなり世界に先がけた研究に闘志満々で取り組んでいたのである。

着任後三年目の一九六一年六月、大磯のホテルで国際比較内分泌学シンポジウムというのが開かれた。小規模ながら世界各国から動物のホルモン研究のまさに第一人者が集まったすばらしい国際会議であった。その中に、ケンブリッジ大学のウィグルズワース（V.B.Wigglesworth）というとび抜けて偉い教授がいた。

この人は昆虫の変態ホルモンの研究の大先達であり、ホルモンというものの作用は遺伝子の情報を引きだすことであるという今日の考えかたをすでにそのころから主張していた。イギリス的知性に溢れたほんとうの学者であった。のちに Sir の称号も受けている。

そのウィグルズワース教授は国際シンポジウムのあと一ヵ月ほど日本に滞在し、日本じゅうの昆虫学の研究室を訪ねてまわった。七月の末、教授は農工大のぼくの研究室にも来てくれた。そして狭い部屋の粗末ないすに座り、学生たちがたどたどしい英語でしゃべる研究の内容を一部始終聞いて、次々と鋭い質問をした。

昼食後、ぼくらは農場を散歩した。そこで昆虫を目にすると、教授は「あれは○○か?」と学名でぼくらにたずねた。その該博な知識にもぼくは驚嘆した。

午後は、昆虫の変態ホルモンの作用についての教授の考えの説明だった。DNAとかRNAの問題にふれた最新の学説であった。ぼくはウィグルズワースその人からこの話を聞くことに限りない誇りを感じた。

いよいよ帰るとき、教授は紙を一枚ほしいといった。そしてその紙にこう書いた。

Question : Why is Dr. Hidaka's department like an insect?

「これは英語の謎々だ。答えて下さい。」

ぼくは言った。「わかりません。答えを書いて下さいませんか?」

教授はすらすらとこう書いた。

Answer : Because so many interesting things happen in a small space.

何とすばらしいユーモアに満ちた励ましのことばではないか!

あれからもう四十年。ウィグルズワース先生ももう亡くなったが、先生のこのことばをぼくは片時も忘れたことがない。

日本文化とアメリカ式

日本はどうしてこんなにアメリカ式が好きなのだろう?

ホテルや喫茶店で朝食にトーストを注文すると、ふわふわの厚い食パンがでてくる。パンも焼きかたもアメリカ式である。でもこのほうが「進んで」いるらしく、近ごろはほとんどこれになってしまった。

カマンベールやロックフォールは純粋のフランス式チーズであるが、まず必ずといってよいほど、かりかり焼きのパンかクラッカーがついてでてくる。しかも、これこそ本式の食べかただといわんばかりにである。けれど、これは単にアメリカ式であるというだけで、フランスではこんな食べ方はしない。

近ごろは学制改革や大学の活性化にも、アメリカ方式の適用が推奨されているらしい。優秀な子の「飛び入学」などはかわいいとしても、大学教員の任期制導入とか、教員の業績評価の方法とかになると、アメリカこそ進んだお手本というアメリカ好みとしかいえないような気がしてくる。

論文数は多いほど評価がよく、それも英文のものは点数が高い。日本文のものはしばしば点数に入らないし、日本の大学紀要や学会誌などはたいていはカウントしてもらえない。インパクト・ファクターの大きい雑誌にいくつ論文を書いているか、が問題なのである。

インパクト・ファクターの大きい雑誌というのは、たとえばアメリカの「サイエンス」のように学会で一流、超一流とみなされている国際学術誌のことだ。残念ながら、日本で発行されている学会誌は一般にインパクト・ファクターが大きくない。

だから、いい論文は日本の雑誌には投稿するな、ということになる。あまりたいしたことはないと思うものは、日本の学会誌にまわす。そして、日本のほとんどの研究者はそうしている。インパクト・ファクターは下がるばかりである。

このような事情は、昔からのものである。日本人のいい論文は英語で外国の雑誌に載り、多くの日本人の目にはふれない。日本人向けにわかりやすく書かれたものは、その内容も思想も、業績としてはほとんど評価されない。日本は大学に多額の金を注ぎこみながら、そこからほとんど得ることなしにきた。今ここでもっとアメリカ式の評価方式や安易な任期制を導入したら、日本の文化はつぶれてしまうのではないか?

もちろん、アメリカの方式にはたいへんよいところがある。しかしそれは、アメリカの文化の中でよいものとして機能しているのだ。それをいきなり日本の文化の中にもちこんでも、必ずしもよいものとして機能するかどうかはわからない。文化とはそういうものなのではないか？

湖国随想

1　犬たちの起源

ぼくはネコは大好きだが、犬はどうも苦手である。それはどうやら、小学生のころ、近所の農園の入り口につながれてクンクン鳴いていた犬に、つい手を出してなでてやろうと思ったら、いきなりがぶりとかみつかれ、かなりのけがをしたことに原因があるらしい。

それ以来ぼくは、犬はいきなりかむものという観念がぬけきれず、どうしても犬に手を伸ばす気にはなれないのだ。

けれど、犬をつれて散歩をしている人々が格段に多くなった今、その犬たちを見ていると、犬ってやっぱりかわいい動物だな、と思ってしまう。

飼い主にこれほどまでに忠実な犬という動物がなぜできてきたのか？　これは昔から多くの

動物学者たちが抱いてきた疑問だった。

『ソロモンの指環』（ハヤカワ文庫）というおもしろい本の中で、のちにノーベル賞も受賞したオーストリアの動物行動学者コンラート・ローレンツは、イヌにはオオカミ系とジャッカル系があると書いている。つまり、オオカミとジャッカルの二つが犬の祖先である、ということだ。オオカミとジャッカルという相当にちがった動物が、犬という一つの動物の祖先であるというこの説に、ぼくは疑問を感じざるをえなかった。犬がオオカミとジャッカルの雑種であるというのではなく、両方の系統の犬がいるというのだからますますである。

じつはこのことについてはローレンツ以前からいろいろな説があり、われわれにもっとも身近な動物である犬の祖先が何であるかについては、長い間、定説がなかったのである。

先週届いたアメリカの専門的科学雑誌「サイエンス」の一九九七年六月十三日号に載っていたカリフォルニア大学ロサンゼルス校のロバート・ウェインたちの論文を読んで、ぼくは犬の祖先はオオカミであり、オオカミでしかない、ということを知り、やっと安心した。

ウェインたちはたくさんの犬とともに、オオカミ、ジャッカル、その他野生のイヌ科動物の遺伝子DNAを徹底的に調べている。その結果、どの品種の犬のDNAも明らかにオオカミのものであり、ジャッカルのとはまったく異なっていることを見いだした。

ただし、今日の犬のDNAには二つの系統がある。どちらもオオカミのDNAであることに間違いはないのだが、二つの血統があるということは、犬が二つのちがう場所でオオカミから家畜化されたことを示している、とウェインたちはいっている。

けれど、今の犬たちとまったく同じDNAをもつオオカミはいない。つまり、犬の真の祖先となったオオカミのグループは絶滅してしまっているのである。だから犬の祖先に関しては、なおミステリーが残っている。

そして、犬はワンワンとかキャンキャンと鳴くが、オオカミはこんな鳴き声は出さない。いつ、どうして、犬はワンワンと鳴くようになったのか？ これもまたなぞであるようにぼくには思われるのである。

2 富栄養化の思わぬ帰結

アメリカに「サイエンス」という雑誌がある。イギリスの「ネイチャー」と並んで、世界のトップクラスの学術専門誌である。世界中の科学者は、自分の研究論文が「サイエンス」か「ネイチャー」に載ることを夢見ていると言って過言ではない。

この「サイエンス」のごく最近の号を見ていて、ぼくは面白い論文を発見した。いわゆる「富栄養化」によって湖の魚の多様性が失われていく、というのである。

アフリカのタンガニイカ湖には、さまざまな魚が大量に住んでいるが、その中でもシクリッドと呼ばれる仲間の魚は有名である。

体の斑紋《はんもん》や、色が少しずつ違う、異なる種類のシクリッドがタンガニイカ湖にはたくさんいるのである。

これらの魚が、本当に違う種類のものなのかどうか（「種」が違うのかどうか）、ぼくにはよく分からない。

というのは、ぼくが「サイエンス」を読んだその論文によると、色・斑紋の異なるこれらの魚は、実験的には雑種をつくることができ、しかもその雑種は繁殖可能で、親の色の斑紋の交じりあった子孫を生んでいくそうだからである。

ほんとうに、種の違う者同士だったらそうはならない。かつて有名だったレオポン、つまり、ヒョウ（レオパード）とライオンの雑種は完全に不妊で、繁殖能力が全くなかった。

けれど、これらの魚たちは、自然界では全く交じりあうことなく、それぞれの色のもの同士で交配し、代々もともとの色、斑紋を純粋に保っている。だから、自然界ではさまざまな「種」がたくさん共存し、それらのどれともつかない中間的な雑種は見られない。

雑種をつくろうとすればできるのに、自然界では、なぜできないのか？

それは、メスが選んでいるからである。これらの魚でも、他の動物たちと同じように、メスは自分の納得のいくオスを選んでつがいになる。どういうオスに納得がいくのかは、動物によってさまざまだが、これらの魚で重要なのはオスの体の色、斑紋の微妙な特徴である。

湖の自然界には、雑種はいないといったけれど、この論文の著者たちが調べてみたら、湖のいくつかの場所では雑種が見つかった。それは、あの大きな湖の中で、富栄養化が進んだ場所であった！

だれでも知っているとおり、富栄養化が進行してくると水は濁ってくる。透明度が下がって、遠くまで見えなくなるばかりでなく、水の色調も変わってくる。つまり、透過する光の色が変わってくるのである。そうしたら斑紋の色もはっきりとは区別できなくなり、メスの選択も狂ってくる。こうして、雑種ができてしまうのだ。

富栄養化はリンその他の濃度を高め、水質を悪化させるものとして知られている。しかし、それればかりではない、とこの論文は警告するのである。富栄養化はそこに住む生物の多様性を損なうかもしれないのだと。

〝祟《たた》り〟という思想

かつてぼくが東京農工大の農学部に勤めていたころ、ぼくの宿舎は小金井の工学部の一隅にあった。いわゆる公務員宿舎である。狭い二階建ての部屋が十戸ずつほど連なったのが三棟と、二軒長屋が何戸かあった。

入居者は若い教官や事務官が多いので、子どもたちはたくさんいた。夏になると、夕食後、子どもたちは宿舎のまわりで楽しそうに遊んでいた。

宿舎の北側はちょっとした林になっており、ひょろひょろした木がけっこうたくさん生えていた。そしてその下には、それらの木の若木やハギのような、どうということのない灌木があちらこちらに立っている。その間にはこれまたどうということのない草が茂っていた。

あるとき宿舎の集まりがあった。ぼくは出席できなかったが、あとで聞くと、裏の林から蚊が出るので、下草や木を刈ってきれいにしようと決めたということだった。

それから数日後の日曜日、入居者が総出で林をきれいにする作業が始まった。ぼくは午後まで大学の研究室にいたので、戻ってきたらもう夕方近かった。

草刈りは林のへりから始められ、もうだいぶ奥まで進んでいた。働いている人々の後ろには、子どもたちがたくさん集まって、心配そうな顔つきでじっと見守っている。

何が心配なのかとぼくは子どもたちに聞いた。

「オバケの出るところがなくなっちゃう」

ある小さな子が泣き出しそうな声でそういった。

実は子どもたちはもうだいぶ前から、夏の夕暮れに肝だめしというかオバケごっこをして遊んでいたのである。

もう暗くなったころ、子どもたちは少し年上の子から、「さあ、ここから林の中へ入っていけよ」といわれる。それで、みんな半ばおもしろがって、半ば多少の不安を感じながら、下草を分けて林の中へ入っていく。すると突然、茂った灌木のかげからオバケが出てくるのだ！

キャアといって子どもたちは逃げる。するとまた別の草かげから、また新しいオバケが現れる。運の悪い子はオバケにつかまってしまう。子どもたちにしてみれば、スリル満点の遊びだった。

ところが今、大人たちは蚊を退治しようとして草や灌木を刈っている。オバケの隠れている場所がなくなってしまうのではないか？　子どもたちはそれが心配だったのである。

ぼくはそのことを大人たちに話して、いくつかの「オバケの隠れ場所」を残してもらった。けれどそれ以後、子どもたちのオバケ遊びはすたれてしまったようである。自分たちだけの秘密が大人に知れてしまったからだ。ぼくは余計なことをしてしまったのかもしれない。でも、林がすっきりきれいになったら、子どもたちはやっぱり悲しんだろう。

「祟《たた》りとご利益」というテーマを示されて、ぼくはかつてのこの体験を思い出してしまった。これも「祟り」と「ご利益」の話ではないかと。

ここは神様のいる森だから、勝手に木を切ると必ず祟りがあるよ、という言い伝えが森を守ってきたという話はよく聞く。屋久島でもそういうことを聞いた。これを積極的に使うと自然が守られる場合もありますよ、と笑いながら話してくれる人もいた。でも、このごろはみんな祟りなんか信じなくなりましたからねぇ、とその人は嘆くようにつけ加えた。

ご利益だって同じことである。ここの木を大事にしていると必ずご利益があるよ、という言い伝えもあちこちにある。でもそれを信じているのは土地のおばあさんかおじいさんで、若い人はそんなことに無関心だ。ましてや、よそから来た観光客には通じない。

けれどこのような言い伝えの「祟り」や「ご利益」には、それ相応の理由があることはいうまでもないし、それが自然環境を守ってきたことも確かである。

「そんなところにオシッコをすると、オチンチンが腐りますよ」と小さいときによくいわれた。子どもだったから、男にとってオチンチンがどれほど大切なものかはわからなかったが、それでもなんだか怖くて、オシッコをがまんしたことを憶えている。

しかし、祟りやご利益はいつもこういう形で人々の間に存在しつづけていたのでもないようだ。

第二次大戦直後、つまりぼくが十六歳で中学四年の八月末、疎開先の秋田県大館で、ぼくはある忘れられない体験をした。近所の人たちに誘われて、山へ山菜を採りにいったときのことである。

大館から汽車に乗って北の方へいく。たしか陣場という駅で降りて山中に入る。場所をよく知っている人に連れられていくと、そこここに大きな蕗《ふき》がおがって（生えて）いる。さすが、秋田蕗というだけあって、茎（葉柄）は太さ三センチもあろうか。そして高さはぼくの背丈ほど。そんな立派な蕗が山の中にたくさん生えていた。

ぼくは感動してさっそくポケットに入れてきたナイフを開き、左右二本の茎をそろえて、地面すれすれの根元から切りとった。

とたんにそれを見ていた近所のおじさんがぼくをどなりつけた。「それはだみだ！」おじさんはいった。「ほれ、この二本の茎の間に次の芽がある。こういうように左から切って、その次に右から切って、真ん中の芽を残してやるんだ。そうしたら、来年もまた生えてくる」。ぼくは一言もなかった。

おじさんは祟りとかご利益とかいう言葉は使わなかったけれど、明らかに祟りとご利益のことをいっていたのである。今から五十年も前のことで、そのおじさんは当時五十歳くらい。もしまだ生きていれば、一〇〇歳近いだろう。山の祟りを信じている年代だったことはまちがいない。その人がそういう言い方をしたことは、今思うと不思議でもあるが、実は不思議ではないのかもしれない。次の芽を守ることの大切さぐらいは、すぐわかる。祟りというのは、もっとわかりにくい、目の前ですぐには想像のつかないものにいう概念なのだ。

農工大宿舎での林の草刈りはなんだったのだろうか?

宿舎の大人たちにすれば、その目的は蚊の退治だった。そして雑然と茂った林をすっきりときれいにしたいという願望もあった。今の言葉でいえば、環境の美化とアメニティということにもなろうか。

それは大人たちにとってはある種のご利益であったかもしれない。林がきれいになって、ついでに蚊もいなくなる、どちらが主目的だったかというと、蚊の退治が第一の目的だったらしいことは、居住者の話し合いの様子から想像がつく。すると、蚊の退治が目的で、環境の美化はご利益だったということになる。

ここで一つの問題は、下草を刈ると本当に蚊がいなくなるのかということである。蚊にもいろいろな種類がいて、その発生場所つまり彼らの幼虫(ボウフラ)が育つ場所も種類によってさまざまである。ふつうの家蚊(アカイエカ)には、小さくてもよいから多少深さのある水たまりが必要である。けれど小さなシマカたちは、つもった落ち葉の隙間にたまる水で十分に育つが、決して茂った草の葉の間で育つわけではない。

だから、彼らを退治するのは草を刈っただけではだめで、林の中の落ち葉をすべて除き、地面をからからに乾かしておかねばならない。そういう林が環境「美化」につながるかどうか？だから、林の草刈りははじめから問題を含んでいたわけだ。

けれど、大人たちにとっての、このとにもかくにもの「ご利益」はとんでもない祟りを招いた。つまりそれは、考えてもいなかったオバケの隠れ場所をなくし、子どもたちの楽しい遊びを一つ奪ってしまったのである。

まったく予想もできなかったという点でこれは、限りなく祟りに近い。林は子どもたちという神様の楽しい遊びの場であると考えたら、これはまさに祟りである。

蚊を退治しようという大人たちの近視眼的な願望が、思いもかけぬ結果を招いたこのできごとは、それ以来ぼくにしっかり焼きついている。これはまさにいわゆる環境問題の典型的なパターンであると、そのときぼくは直感したからである。

あれは今からもう四十年近く前のこと。その後同じような公害や環境問題が世界じゅうでいったいいくつ起こったことか。

考えてみると、これはわれわれ人間の文化の根本的問題なのかもしれない。

人類の進化がどのようなものであったか、今なお論争がつづいている。ごく最近の国際科学誌「サイエンス」や「ネイチャー」にも「また新しい人類化石？」などという論文や評論が載っている。

われわれ現代人がネアンデルタール人とどのような関係にあったかもよくわかっていない。どうやら現代人（ホモ・サピエンス）は、同時代に生きていたネアンデルタール人との競争に勝ってのさばり出したらしい。それはいわゆるクロマニヨン人の時代からであるとも考えられている。

自然とは離れた、自然とは対立した存在として人間を認識するというクロマニヨン型文化は、つねに自然に挑みかけ、人間の「勝利」を導いてきた、とクロマニヨン型文化の産物であるわれわれは信じてきた。

けれどそれは案外、ただそう信じてきただけのことであったのかもしれない。その思いの中には、漠然とその「祟り」を恐れる気持ちもあったかもしれないが、つねに優勢を占めたのは純粋にクロマニヨン型の発想であった。祟りの感覚は、大昔のどの時代にも、時代おくれのものとされた。そして古くはエジプトのピラミッドや神を恐れぬバベルの塔のように、それを乗りこえるものが人間の名に値する新しい文明であると、いつの時代にも認識されてきた。それが問題なのではあるまいか。

今さら祟りの思想をとり戻せということではない。そこからもう一度考えなおしてみる必要があるのではないかということである。

読むサラダ

1　自動水栓

たとえば近ごろ、たいていの手洗い場は自動である。駅でもビルでも、トイレへいって手を洗おうとすると、蛇口には「自動」のマークがついており、手を差し出せば水が出る。蛇口をひねることはない。そして洗った手を引けば水は止まる。せっかくきれいにした手で、前にだれがさわったかしれない蛇口をしめる必要もない。便利であるし、衛生的だ。

けれどちょっと待てよ、といつも考えてしまう。

手を差し出すと水が出るということは、蛇口が手のくるのを見ているということだ。ぼくは詳しくは知らないが、たぶんたいていは赤外線ランプか何かで見ているのだろう。

赤外線ランプは自然につくものではないから、当然電力を食っている。一つ一つのランプに必要な電力はわずかなものかも知れないが、これほどどこもかしこも自動になっていると、そのための電力は全体としてはかなりのものとなり、省エネという掛け声にも反している。

その上、自動というのは必ずしも便利ではない。いくら手を出しても水が出ないことがある。手を前後に動かしてみてやっとわかった。手をもっと奥に出さねばだめなのである。反対に、あまり奥へ手を出すとだめな場合もある。

そのコツがわかるまでに、時間がかかる。手で蛇口をひねったほうが早いのに、とつい思ってしまうこともある。

こういう便利さの不便さへの反省からか、省エネへの配慮からか、ふたたび手動へ戻したところもある。霞が関界隈《かいわい》の官庁には、そういうのが増えていたように見える。

つまり手洗い場の水道には、「手動」と書いたボタンがあり、それに触れると水が出て、洗い終えても一度押すと止まるのである。ただしこのボタンを押すのに力はいらないから、ボタンは電気で作動しているのだろう。だとすると、これもまた電気を食っていることになる。

そして「自動」に慣れてしまった人たちは、やたらに何度も手を蛇口の下に差し出している。やっと悟ってボタンを押し、水が出ると、今度は止めるのを忘れ、水を出しっぱなしでいってしまう。

どうやら日本では、人々が自動に慣れすぎたようである。

2　新しい生活

この四月（二〇〇一年）になってからの十日ほどで、ぼくの生活は一変したような気がする。三月の末、滋賀県彦根にある滋賀県立大学の学長としての二期六年間の任期を終え、合計六年を超えて在任してはならないとする学則にしたがって退任したからである。

そして四月一日から新しく発足した国立の大学共同利用機関、「総合地球環境学研究所」の所長ということになった。

この研究所は京都大学演習林の上賀茂試験地の中に設置されることになっているが、建物ができるにはあと少なくとも三年はかかりそうである。それまでは京大の北部構内のある古い建物を改装してもらい、そこに仮住まいすることになった。

京大北部構内といえば、理学部や農学部のあるところである。湯川秀樹先生の記念館もある。こうしてはからずもぼくは、京大理学部を定年退職後八年にして、ふたたび同じところに通うことになった。

これはずいぶん幸せなことだと思う。滋賀県が彦根のお城の近くに造ってくれた立派な学長公舎での単身赴任生活を終え、京都の自宅に戻って、昔と同じく叡山電車で通勤する。

なつかし思いで電車の窓から見れば、岩倉のあたりに新しい家がなんとたくさんできたこと！　こうして街ができていくのだなとつくづく実感してしまう。それらの新しい家の人々は、もはやぼくとは何の関係もない。こうして都市における人間の疎外も始まるのだろう。今は四月。転任、転勤の人も多かろう。そういう人々はみな同じ思いをかみしめているのではないだろうか？

ぼくが生まれ育った東京を離れて京都へ来たのはもう二十五年と少し前。今や東京へいってかつて住んでいたところを訪れてみても、ただただその変わりように驚くだけである。そこにいる人々とのつながりなどは、もはやまったくといっていいほどない。むしろこの六年間を過ごした彦根のほうが、よほどなじみが深い。

とにかくぼくは、どこかへ出張するときは、新幹線では冷遇されているとしか思えない米原ではなく、京都で乗り降りすることになった。そのことだけでもぼくの生活はずいぶん変わったなと感じている。

3　カエルの声

今年の春になって、駅前の田んぼが急に整地されたかと思ったら、あっというまにマンションが建ってしまった。

駅とは、ぼくがかれこれ三十年近く住んでいる京都市左京区の叡山電車、通称叡電鞍馬線のことである。始発駅は京阪電車の出町柳。そこからこの二軒茶屋までは複線だが、これから先、終点の鞍馬までは単線という、まさに田舎の駅である。

けれど駅の近くには京都産業大学の学生目当てらしいマンションもたち、産大とのシャトルバスもできて、乗降客の数はめっきり増えた。まだ人も少なかった時代につぶれてしまったスーパーのあとにも大きなマンションが建ってしまった。

問題の田んぼは駅を出たすぐ右側にあった。地価の値上がりを待っていたのかもしれないが、その田んぼはぼくが二軒茶屋に住むようになって以来、ずっと農業何とか地区という看板の立ったまま、田んぼとして存続しつづけていた。

毎年春になるときれいに耕され、水が張られてイネの苗が植えられる。暑さが増してくるにつれて苗はすくすくと成長し、美しい青田になる。そして秋には稔《みの》りの刈り取りがおこなわれる。その移り変わりを毎日畏敬《いけい》に近い思いで眺めながら、ぼくは三十年近い日々を過ごした。

春、この田んぼに水が入ると、それを待ちかねていたようにどこからともなくたくさんのカエルがやってくる。そして夕方おそく、ぼくは二軒茶屋無人駅に降り、田んぼに沿って歩いていく間じゅう、ケッケッケ、キャッキャッというカエルたちの声が響いてくるのだった。

春から夏にかけてこの田んぼのカエルたちの声を聞くことは、ぼくにとってほんとうに喜びであった。そこに自然の季節の推移が如実に感じられた。

三十年近くも経《た》つうちには、ぼくも年をとっていく。近ごろはあと何回このカエルたちの声が聞けるのかななどと、ふと思うこともあるようになった。

だがこの春、まったく突然に、そしてぼくはまだちゃんと生きているのに、カエルたちの声は消えてしまったのである。

死も遺伝的プログラムの一環

じつはぼくは、直接に人が死ぬところに出会ったことがない。人がついに息を引き取って、ああ、死んでしまった、と感じる場面に立ち会ったことがないのである。父の場合、祖母の場合、そして友人、恩師の場合、すべてその後で死に顔に対面しただけであった。だから死というものに心打たれたことはない、というわけではもちろんない。近しき人の死はさまざまな思いを呼び起こすものであった。

自分はもう死ぬか、と思ったこともない。中学生のとき、学校で北アルプスの白馬岳へ登る班に入れてもらい、念願だった高山を存分に味わった。その帰りのことである。たぶん各駅停車であっただろう中央本線の汽車に乗って、松本から新宿へ向かっていた。戦争中のことで、車内販売などはない。汽車の中に水はない。もちろん冷房なんかもない。

汽車が岡谷の駅にとまったとき、何分間かの停車時間があると聞かされた。みんな一斉に水筒をもってホームに降り、一つしかない水道の蛇口の前に行列を作って水をくみはじめた。

発車のベルは鳴ったのだろうが、ぼくと数人は気がつかなかった。見たら汽車は動きはじめていた。そのころの汽車はドアなど閉まらない。ぼくは急いで出入口の取っ手をつかみ、飛び乗ろうとした。ところが足が滑って、走りだした汽車にぶらさがったまま、ばたばたすることになった。

そのままだったら、ぼくはやがて汽車から振り落とされ、大けがするか死ぬかしていただろう。けれど幸いなことに、駅員がぼくを抱きとめ、汽車から離してくれた。

「いくら引っ張っても、取っ手にしがみついていて離そうとしないんで困ったよ」

あとで、その駅員はこう言っていた。ぼくにはそんな憶《おぼ》えはなかったから、一瞬、気を失っていたのかもしれない。とにかくこうして、ぼくだけ取り残され、駅からの電話で連絡を受けて上諏訪から戻ってきてくれた先生と、腹ぺこになって深夜、新宿に着いた。でも、そのとき、自分が死ぬとは思わなかった。

そのずっとのち、ぼくは急性胃潰瘍で大量に吐血し、同時に失神してしまった。急に体が冷えたように感じ、たちまち目の前が暗くなって、何もわからなくなった。自分に何が起こったのか、どれほどたくさんの血を吐いたのかは、意識が戻ってから知ったことであった。けれどこのときも、自分が死ぬとは思わなかったし、そう思うひまもなかった。

「死」とはどんなものかを何となくわかったような気がしたのは、その後、頸椎《けいつい》椎間板ヘルニアの手術を受けたときである。手術をしてもらえば必ず治る、とも思っていなかったし、手術をしても治らないのではないか、とも思っていなかった。とにかく手術を受けるほかないのだから、手術をしてもらう、という気持ちだけだった。

手術室へいくための車椅子に乗せられて病室を出るとき、看護婦さんが、

「手術のとき麻酔をしますけれど、その準備のための注射をしましょうね」

と言って、肩だか腕だかに注射をした。それはすぐに効いて、ぼくはたちまちにして意識がなくなった。眠いとか、朦朧《もうろう》とするとかいうものではない。車椅子がエレベーターに乗ったか乗らないかも知らないうちに、ぼくは意識も自意識も失った。自分も世の中もすべてなくなってしまったのである。だからぼくはこの世の中から存在しなくなった。

それからあとのことは、存在していないぼくにはまったくわからない。実際には五時間ぐらいだったらしいけれど、ぼくはもちろんそんなことは知らない。存在していないのだから、知るなどとは論外のことである。

ふと耳もとにこんな声が聞こえた。「日高さん、手術終わりましたよ」

この声でぼくは再び世の中に存在することになった。ふつうなら「我に返った」というべきなのだろう。けれど、「我を失っていた」のでなく、存在しなくなっていたのだから、我に返るも何もない。再びぼくが現れたのだとしか言いようはなかった。

あのとき、手術の途中でもしぼくが死んでいたら、「手術終わりましたよ」という声を聞く

ともなく、ぼくは消滅していたことになる。でも、六十年以上も生きていると、それも恐ろしいとは思えない。むしろ、死ぬとはそういうことなのか、という気持ちの方が強い。

旧制成城高等学校時代の動物学の恩師である内田昇三先生は、晩年、『私と私の生物学的宗教』という本を自費出版された。その中に「死ねば無だ」ということが繰り返し書かれている。先生は無になることを恐れていたように思えるし、一方ではそれを仕方ないこととして受けいれようと努めていたようにも思える。それからしばらくして、先生は無になられてしまった。ぼくは外国にいて、その瞬間には立ち会えなかった。ぼくのおそらくはいちばん敬愛していた先生の、そのときに立ち会っていたら、ぼくは何を感じただろうか?

日本バイオサナトロジー学会という学会がある。バイオは生、サナトスは死。訳せば日本生死学会となるこの学会の一会員として、ぼくは医学的にではなく、生物学的なプログラムとして「死」を見ているようだ、と自分では思っている。

人間が何一つ自分ではできない赤ん坊として生まれてから、生物学的な遺伝的プログラムに沿って大きくなっていき、大人の男か女としてさまざまな人生を歩み、また子どもをつくる。そしてあるとき、この世から消える。それと同時に世界も消える。

「死」がこのように育つことのプログラムの一環であるならば、それはあまり大げさに受け取るべきことではないようにぼくには思われる。近しい人の死に接したときの悲しみは、また別の問題である。

人工気胸療法のころ

ぼくが大学の一年のときだったから、今からもう五十年前のことになる。

ある日、父が突然に喀血した。結核であった。何もかも「戦争のため」というあの時代に、池袋で経営していた小さな映画館を強制疎開とやらで失い、失職と心労のまま終戦を迎えたころから、坂道は息が切れるといっていた。

父の新しい仕事もみつからぬまま、ぼくの一家は極貧に近い状態にあった。ぼくは辛うじて高校に通いながら、アルバイトに追われていた。やっと大学に入って、さあこれからはちゃんと勉強しなくてはというときに、このような事態になったのである。

医師に払うお金もないままに、ぼくは高校の友人のお父さんで高校の校医でもあった浦本三嗣先生にたのんで、父を診てもらった。当時、日本じゅうが結核患者であふれているような状況のなかで、父もとても見込みはないとのことであった。それよりあなた自身のほうが問題です、といって、浦本先生はぼくを診て下さった。

「あなたも感染しています」

そして、「あまり kostbar（費用のかかる）治療は適当でありません」という添え書きをつけて、しかるべき医院へ紹介して下さった。

その途中でお世話になった方は何人もいらっしゃるけれど、結論的にいえば、ぼくは「人工気胸療法」という方法で、治療を受けることになったのである。

「人工気胸」などという療法は、今はない。けれどその当時には、最新の療法の一つであった。

要するに、肺を包んでいる二枚の肋膜の間に太い注射針で空気を送り込む。外側には肋骨があるから、空気が入れられると、肋膜は内側へふくらんでいき、必然的に肺を圧迫する。圧しつぶされた部分では、気管もつぶれ、空気は入ってこなくなる。呼吸に伴う肺の動きもなくなるから、その部分の肺は絶対安静の状態になる。肺にとりついた結核菌も、酸素がこなくなると弱る。そういう状態にしておいて、あとは自分の体で結核菌と戦うのである。

ぼくはこの療法に五年間通った。当時ぼくは、岩波書店でアルバイトをしていた。毎日、昼間は大学に行くのでなく、岩波書店に通っていたのである。それでも大学は何とか卒業させてもらったし、岩波でのアルバイトの中で大学に通うよりもっとずっと勉強させてもらった。

いずれにせよ、ぼくはこの間、入院などということはしなかった。その必要もなかった。この人工気胸療法のおかげで、毎日勤めていても、肺の患部は絶対安静に保たれていたからである。

しかし、一週間もすると、空気は抜けてしまう。それでぼくは、毎週、毎週、たしか水曜日に、岩波書店の近くの結核予防会病院に通った。

受付を通って入ると、たくさんの患者が待っている。自分の番になると透視室に入る。当時は男も女も一緒だった。皆、上半身を裸にしてレントゲン台に向かう。若い女の裸もたくさん見た。今とちがって、豊かな胸の人はいなかった。

それで、どのくらいの量の空気を入れるか、肋膜に炎症はないかがわかると、またしばらく待つ。呼ばれたら入って、細長い固いベンチにあお向けに寝る。もちろん上半身は裸になってである。

医者はぼくにまたがって、太さはつま楊枝ぐらい、長さは十センチ以上もあろうかという針を振りあげる。そして針の先を、肋骨と肋骨の間の、神経がなくて痛みを感じないというところへあてがってから、ふたたび高く振りあげる。そして、「はい、気をらくにしてぇ」といいながら、心臓のすぐわきにずばっと突き刺すのである。

五年間にわたって毎週一回、つまり二五〇回以上、ぼくはこの治療を受けたわけだけれど、「気をらくにして」針を刺されたことは、最後の一回までついになかった。その度ごとに緊張の極であった。

むりやり肋膜の間に空気を入れるのだから、肋膜炎をおこしたこともあった。けれどそれは一、二回、ぼくが重いかぜをひいたりしたときだけだった。

とにかく、薬は一切使わなかった。入れるのはそのへんの空気だけ。もちろん空気を殺菌するしくみにしてあった。けれど、要するに入れたのは空気だけだった。

こうしてぼくは五年後には、ほんとうに完全に治ってしまった。ストレプトマイシンなどの薬は一度も使ったことはなかったし、肋骨切除とかいう手術もなしにすんだ。

ただ、その五年間のぼくのいちばんの悩みは、ぼくが、治療を受けていながら、しかもふつうに働いている正常人であったことである。

当時、ぼくの多くの知人、友人は、「結核患者」として入院していた。病院では病人としての人生もあり、それなりの人間認知もあったらしい。入院中、「患者」どうしとして知り合って結婚した人もいる。

ぼくは表向きには「正常人」であり、毎日、朝早くから満員の通勤電車に押しこまれて出勤し、しかも治療を受けている完全な「病人」であった。若い女の子はたくさんおり、ぼくはそれなりの評価と尊敬は受けていたけれども、結婚の対象とみなされることはなかった。同情され、励まされてはいたけれど、対等ではなかったのである。

それ以来、ぼくは人に同情することは絶対にしまいと思うようになった。

エピローグ

渋谷でチョウを追った少年の物語

ローレンツ『ソロモンの指環』の思い出

子どものころから虫が好きで、チョウチョを追いかけていました。幼虫を見つけるのに何時間もかけたり、チョウチョが飛ぶ道を何度も何度も確かめたり、それはもう夢中で山や川や街を駆け回っていました。人にいわせれば、「とんでもなく長い時間」を、虫の観察に使ったのですが、ぼくは楽しくて楽しくて仕方ありませんでした。当時は、軍国少年でなければ大人たちに受け入れてもらえない時代でしたから、チョウチョが好きなだけの少年は、あたりまえのようにいじめられました。将来おまえはなにになるんだと聞かれ、たいていの子たちが立派な軍人になると答えるなかで、ぼくは「動物学者」といい、親からも、たった一人を除くすべての教師からも大反対されました。

軍事教練華やかなりしころ、お国の役に立つとみんなで口をそろえることが求められていた奇妙な時代でした。動物が好き、チョウチョが好きという少年が疎外されるのも無理からぬことだったかもしれません。

二〇〇八年、ＮＨＫのヒューマンドキュメントで、「渋谷でチョウを追って」という番組が収録されました。主人公の少年は、ぼくです。たった一人、虫好きの少年をかばってくださった先生も登場します。そのあと、ぼくは軍国教師から投げ飛ばされながらも、夢見続けた動物学者の道を歩くことになります。

大学で動物学を専攻していたころ、ヨーロッパに巻き起こっていた「動物行動学」（エソロジー）に猛烈な興味を覚えました。コンラート・ローレンツという動物学者が、魚類や鳥類の研究をしながら「動物行動学」の領域を開拓したのです。そのローレンツが動物行動学の入門書を書いたとき、ぼくは翻訳をしたいと思いました。ドイツ語の原書には「彼、獣たち、鳥たち、魚たちと語りき」という長い題がついていました。初版の発行は一九四九年、ぼくは十九歳の学生でした。同書にはすぐに英語版ができ、「ソロモンの指環」という、ドイツ語版とはまったく違うタイトルがつきました。

『旧約聖書』に、こんな話が出てきます。諸王の一人ソロモンはたいへん博学で、獣たち、鳥たち、魚たちについて語ったと。「について」語ったのが、「と」語ったと読み違えられ、それがソロモンは魔法の指環をはめて動物たちと語ったという有名な言い伝えを生んだらしい。そういうわけで、ローレンツの第一作にこの二つの原題がつけられたのでしょう。

それはともかく、子どものころから動物が好きでこの道を進んできたぼくは、ローレンツのこの本のおもしろさに魅せられ、翻訳を始めました。もちろんローレンツに会ったことすらなく、翻訳権がすぐに得られたわけでもなく、なにかに憑《つ》かれたように、ぼくは訳しました。日本語版が発行されるまで十年余りの歳月を要しましたが、『ソロモンの指環――動物行動学入門』の上梓《じょうし》は、日本の動物行動学界にとっても意味深いものであったと思います。

ローレンツとは、一九七五年彼が沖縄海洋博に来日した折、テレビで対談しました。「われわれは歴史に学ぶ必要があります」と言った彼に、ぼくは「でも歴史に学ぶことができますか」と質問しました。彼はしばらく考えて、「確かにそれは不可能かもしれない。われわれが歴史に学べることは、われわれは歴史から学べないということです」。

その後、ノーベル賞を受賞した彼を、オーストリアのアルム渓谷にある彼の研究地に訪ね、ヨーロッパの研究者たちと親しく語り合いました。彼の晩年まで何度か会い、親しく「コンラート」と呼ぶことにもなりました。

一九八九年二月二十八日にローレンツが死んだとき、彼が打ち立てた動物行動学は大きく変貌していました。動物の行動は、彼が思っていたような「種の維持」のためのものではなく、個体のためのものとみなされるようになったのです。学問とは、そういうものです。

しかし、変わったのは学問であり、動物たちはなに一つ変わっていません。そして、動物の行動を研究する学問分野を確立したのがローレンツであり、その最初の本が『ソロモンの指環』であることもなに一つ変わっていません。

談論風発、自由な雑談のなかから生まれるもの

二十歳も年上の研究者だったローレンツとの思い出はつきません。彼と一緒のときはいつも談論風発、彼の周りには、みんなで自由に語り合える雰囲気がいつもありました。いつのころからか、ぼくの研究室にもたくさんの人が集まり、自然に雑談の花が咲くようになりました。動物行動学会という組織はもちろんあるのですが、同じ学会の若い研究者だけではありません。演劇の人、音楽の人、詩人や作家、お坊さんもいました。ぼくの妻は演劇をやり、絵を描き、音楽が好き、自然が好き、整理が苦手という人ですが、集まってくる人たちとすぐに友達になり、「談論風発」に参加します。ぼくの書いた本には、たくさんの挿絵を描き、表紙絵も描いてくれました。

動物が好きという一点でつながる人たちが、なんとなく集まり、なんとなく話が弾《はず》み、なんとなく提案があり、ともかくつねにのびのびしています。いろいろな考え方があること、それが、おもしろい。わけのわからないこと、それが、おもしろい。

あるとき、教育の話が始まりました。教育がいかに大事か、教育があってこそ組織は発展するなどなど、話は進みます。日高先生はいかに?と問われ、あげくのはて、これまでの話をまとめてくださいといわれ、ぼくは思わず、「教育は、しないほうがいいんじゃないか」といいました。話の腰を折ろうと思ったわけではありません。ぼくの本音をいっただけです。ぼくは大学の教師だから、教育者といわれることがあり、そのとおりなのですが、教育者といわれるのは嫌いです。子どもは、人からなにかをいわれて育つものではない。子どもたちはそれぞれ勝手に、自分になっていく――ぼく自身がそうであったように。

それに、組織というものも絶対のものではありません。組織に入っていないことを不幸だという人がいますが、それは違います。組織人でなくても、自分でやっていける人はたくさんいます。組織の人ではできないけれど、自分一人ならやれることがあり、それこそが大切なのだと思います。たとえば、とんでもない時間をかけて、チョウの道を探っていくことは、組織的活動とはいえますまい。ましてや教育が組織を発展させるという仮説が出てきたりすると、ぼくは近代の闇《やみ》を見ている気持ちになります。

でも、ローレンツのころにはなかったことですが、現代の動物行動学の基本には、経営学の考え方が入ってきました。動物たちがある行動をするかしないかは、コスト・ベネフィット（費用対効果）の計算のうえに立っているらしいというものです。「動物におけるデシジョン・メーキング」は、今日の動物行動学の大きなテーマの一つになっています。つまり、動物たちがどのような情報によって、行動の意思決定をするかを考えるのです。

コスト・ベネフィットの発想は、まさに「組織」行動の発想にほかなりません。ここにいたって動物行動学も、組織ビヘイヴィアの世界に一歩踏み込んだのかもしれません。

話を戻します。「談論風発」は、研究者がイマジネーションを触発させる最高の環境をつくります。研究者はもとより、演劇人も音楽家も絵描きさんもお坊さんも、みんなにとって心地よい環境となります。そこから生まれる「おはなし」は、ときに劇的な展開を遂げてくれます。「雑談」から生まれるイメージの広がりが、新たな発想を呼び覚ましてくれるのです。だから、自由なおしゃべりが好きです。雑談がいい。誰かが「もう雑談はやめにして、本題に入ろう」といったら、ぼくは本題ってなに？　雑談は本題とどこが違う？　と聞くでしょう。

チョウの飛ぶ道を追いかけた「とんでもなく長い時間」のお話

先にひと言だけ、「近代の闇」という表現をしました。あれっ？　と感じた方がいらっしゃるでしょう。動物行動学者としてぼくが感じていることの一部を、お話したいと思います。

近代は、人間を動物とは違うなにものかにしてしまった、そんな気がします。たとえば「動物にはとても人間の及ばぬ知恵がある」といった人がいました。この言葉を聞いて、不思議に思わない人が多いのです。動物と人間を別の存在と見ている言葉なのに。

また、こうもいいます。「人間には言語がある。人間の言語はユニークであり、これほど優れた言語を持っているのは人間しかいない。人間とは、素晴らしい存在だ」と。

このような誇らしげな認識が、人間に光を与え、近代ヒューマニズムの背景となりました。演劇人ならずとも共感し、影響を受けた人が多いマキシム・ゴーリキーの「どん底」に、「にーんげん、なんと素晴らしい響きだ！」という名せりふがあります。「どん底」の舞台が最高潮を迎える場面で、重要な登場人物であるサーチンが、格調高く、歌い上げるように述懐《じゅっかい》するせりふです。しかしこの名せりふも、人間を特別に見ている点で同じです。ゴーリキーが舞台上で叫ばしめた人間賛歌の光も、じつは近代の闇であったと、ぼくは思います。なぜならこの光は、人間の言語というものの本体をまったく見えなくしてしまったからです。

人間の言語がそれほどユニークで優れているものなのでしょうか。だとしたら、人間の言語はどのようにして誕生したのでしょう。エソロジスト（動物行動学者）たちをはじめとする「人間の言語の素晴らしさ」に「心を奪われてしまっていない」人だけが人間の言語の誕生の問題と本格的に取り組んでいるように見えます。

人間には言語があるが、チョウにはない。人間には優れた学習能力があるが、チョウにはない。それは、彼らがそこまで到達できなかったからではなく、そのどちらも必要なかったからです。

人間のユニークさを優越とみなし、人間のアイデンティティを確立するにはどうしたらよいか――。人間がユニークなら、ネコだって犬だってユニークだなどと平然と言い放つ動物学者をどうしたら退けられるか――。

こう考え、戦略を立てた人たちは、あらゆるものを進化的系列のうえに配列して、優劣をつけようとしたのです。ぼくが「近代の闇」といったのは、このことです。

人にはもともと優と劣に仕分けされねばならないようなものはなにもありません。また、そんな仕分けには、なにほどの意味もありません。人はそれぞれに自分があり、それぞれ自分の考えを持っています。一見まとまりのない雑談からも、時間をかければかけるほど、おもしろい発想が生まれ、いつのまにか形を成していくのはそのせいです。いや、形を成すことをめざしているのではありません。めざしていないから、おもしろいイマジネーションにたどりつくのです。たどりつくまでのプロセスを悠々と楽しむ、それが学問の醍醐《だいご》味《み》であり、生きる醍醐味といってよいと思います。

チョウの飛ぶ道を「とんでもなく長い時間」をかけて追いかけ、頭は試行錯誤の繰り返し、体は東奔西走の出歩き……。こうした「とんでもない」プロセスのなかから、動物行動学の「物語」が生まれ、ぼくのなかになにかが育まれたということをお伝えしたいと思います。

解説

講演が面白すぎる

安野光雅（画家・エッセイスト）

日高さんの文章への「あとがき」くらい身の縮む思いのすることはない。

だから、日高さんの本を読んで、だらだらと書けば、何とか紙面が埋まると逃げ腰になってかんがえた。

今は亡き小沢昭一は小沢節ができているほどに、話が絶妙だった。

「あなたくらいになったら、誰かほかの人とペアになって講演会なぞにでかけても、苦労しないだろう」と言えば、

「それがそうでない、一度水上勉さんと一緒になった。わたしの話には満場笑いのうずで、大受けに受けた。ところがわたしの次の番の水上勉さんは、小僧の修行時代の話をはじめた、これは涙なくしては聞けないもので、さっきまでわたしの話で抱腹していた感慨はすべて消え、

こんどは涙の雨だ、笑いは涙に勝てないとよくわかった。水上勉さんとは組まないほうがいい」、というのだった。

わたしは、日高さんと一緒に講演会をすることに決まっていた。わたしは講演会は全部断っているのに、日高さんと組みになってしまった（たしか文春の講演会）。わたしが先に、「わたしはどうして絵描きになったか」という話をすませて、日高さんの話を聞くために、後ろの方に座っていた。

日高さんの番である。かれの講演は、小沢昭一と同じで、前もって予習するということはない、でたとこ勝負である。演説ではない、悲憤慷慨しない、むしろ泣き言を並べているほうだ。「アンノさんがなぜ絵描きになったか、という話をしたから、わたしはなぜ昆虫に興味を持ったか、という話をします」という。

「蛾なんか見てごらんなさい、つかもうとすると、粉をそこらじゅうにまいて、やってられない、蜂は刺すと痛いし、カメムシはくさい」。聞いている方はわらって、話している方は泣き笑いという雰囲気となった。

わたしは、彼の話を夢中になって聞いたが、後で心に決めた。

「今後、日高さんと一緒に講演会はしない」

わたしは、いま『動物たちはぼくの先生』という日高さんの本を読んでいる。途中まで読んだところだが、これがおもしろくて、話の中へ入りこんでいきたくなる。さいわい、泣き言が多いから、「そんなことじゃあだめだ、行って、やっつけてこい」といいたくなる。

つまり、日高さんの話の尻馬に乗って、わたしが触発されたことを書いて責任を逃れようと思い始めた。

以下の章立ては、日高さんの本『動物たちはぼくの先生』のはじめのあたりである。

1　石器時代としての大学

「われわれ人間が地球上に現れたころ、人間はおそらく百人、二百人という集団をなしていたのだと思われる」……

という書き出しである。

わたしはラスコーの洞窟（同じ場所につくられたレプリカ）へ行ったことがある。太古の時代の人々は、なるほど集団で暮らしていたのだ。

その頃から牛や馬を手なづけることや、狩りをすることを学んだ。生まれた時からまわりにうようよけものや人間がいるが、大学で研究しようと思っても大学がないのだから研究も実験も学習もできない。

日高さんによれば、その集団が大学の役目をはたしていた、という風に読みとれる。

このまえ映画評論家の佐藤忠男さんの話を聞くことができた。

かれに言わせると、「撮影所は人生のすべてが注ぎ込まれたように混沌の世界だった。監督も俳優もその泥まみれの中から育った。映画の筋書きから、興行、チケットのもぎりまで、大学の授業科目にはないことばかりだった。昔は大学がごく少なかった、という理由ではなく撮影所が大学のようなもので、名作はその中からうまれた。大学出身の山田洋次監督が出るまでは時間がかかった（文責安野）」。

「男はつらいよ」の山田洋次が東京大学だが、ネットで見ると、

「東大に入学したのは上京したいという理由から。そのために必死に勉強している。法学部を選んだのは卒業が楽そうだと思い込んでいたためで、実際に入学すると授業がつまらなく、ほとんど出席せずに退学寸前のところで卒業した」。

撮影所はラスコーの洞窟だった。あの洞窟の天井に描かれた絵は、薄明かりの灯の下でできたのだろうか、いまでも描けそうにない気がする。

2　塩

わたしは、「塩分控えめに」ということばを耳鳴りのようにいまも聞いている。

高血圧の原因になるというし、わたしの父もその高血圧に悩まされて死んだ。

ある日、スペインの山羊を飼う人について山を歩いた。へとへとになって休憩するとき、彼は袋から岩塩をとりだし、岩の角へぶっつけて粉々にした。山羊は争ってそれをなめた。

料亭などに見る「盛り塩」の由来も羊に起因するというが、知ったかぶりになるといけないから書かない。

イギリスの牧場では遠くにいた白馬がポカポカとやってきてスケッチしているわたしの目の前に立った。のいてもらわないと、仕事ができないからこまったけれど、イギリスの馬はなんと人なつっこいんだろう、と感心していたら、

「あそこに見える人間は塩を持っていないかな」と思ってやってきたんだという人があった。浅学にして、そのころまで、獣が塩をほしがるとは知らなかった。

飼い犬が主人の顔をなめることを、愛情の表現だと解釈している人がある。あれは汗をなめているんだといえば、飼い主は怒るだろうが説明がやさしい。

わたしは兵隊にとられ、戦争中は香川県の王越村というところにいた、そこは製塩工場のあるところだった。工場は人間がいなくて休業状態だったが、日高さんのように塩がなくて困ったということはなかった。砂糖はなくても済むが塩がなかったら生きていけない。

甘いとか、辛《から》いなどと言う味覚以前に塩は命の糧である。

『動物たちはぼくの先生』とは、よく言ったものである。

あ、この最後の二行だけが、あとがきにふさわしくなってきたような気がする。

二〇一三年四月

初出一覧

プロローグ

打ち込んではいけない　「高校教育展望」一九八六年三月号

I

バーチャルと「実感」　「京都新聞」（「天眼」として連載）一九九八年七月二六日〜二〇〇〇年七月九日

チョウのいる状況　「京都新聞」（「天眼」として連載）二〇〇〇年一一月二六日〜二〇〇一年七月一日

科学の「常識」　「京都新聞」（「天眼」として連載）二〇〇二年二月一七日〜二〇〇四年一二月一九日

II

教育とはそもそも何なのか　「ロータリーの友」二〇〇一年九月号（第四九巻第九号）

『動物のことば』の頃　「言語」一九九七年四月号

動物に心はあるか　「ゆりかもめ」第六三号（一九九七年一〇月）

「数式にならない」学問の面白さ　「MOKU」一九九五年五月

これでいいのか子どもの教科書　生物　「文芸春秋」二〇〇一年五月号

臨床とナチュラル・ヒストリー　『魂と心の知の探求』所収（創元社、二〇〇一年七月）

新世紀の思考　「毎日新聞」二〇〇一年四月二三日

能はなぜ退屈か　「日本芸術文化振興会」二〇〇二年六月

地球環境学とは何か　「学術月報」第五四巻第一一号（二〇〇一年一一月）

Ⅲ

フランス家族の中の九ヵ月　「芹翠会報」一九九七年三月
北極観光船　「水情報」第一〇号（一九九七年）
心に残った外国語　「英語教育」二〇〇二年一〇月号
日本文化とアメリカ式　「京都新聞」一九九七年七月一日夕刊
湖国随想　「京都新聞」一九九七年七月七日夕刊～一〇月六日夕刊
〝祟り〟という思想　「BIC-City」第一六号（一九九九年）
よむサラダ　「読売新聞」二〇〇一年四月一日～四月二二日
死も遺伝的プログラムの一環　『死をめぐる50章』所収（朝日選書、一九九八年四月）
人工気胸療法のころ　「湘南文学」一九九八年秋

エピローグ

渋谷でチョウを追った少年の物語　「知遊」第一二号（二〇〇九年七月）

動物たちはぼくの先生

2013年6月10日　第1刷印刷
2013年6月15日　第1刷発行

著者——日高敏隆

発行人——清水一人
発行所——青土社
東京都千代田区神田神保町1-29　市瀬ビル　〒101-0051
電話　03-3291-9831（編集）、03-3294-7829（営業）
振替　00190-7-192955

本文印刷——ディグ
表紙印刷——方英社
製本——小泉製本

装幀——戸田ツトム

ISBN978-4-7917-6707-6　Printed in Japan

日高敏隆の本

動物は何を見ているか

なぜいじめられっ子のぼくが
動物学者となったのか。
木の枝を這うイモムシから勇気をもらった
いじめられっ子のぼくは、
動物学者になろうと決意。
チョウ、セミ、ダニから小鳥やサルやウシ、
単細胞動物から脊椎動物まで、
さまざまな生命たちの
生きるひたむきさと厳しさの数々は、
文句なしの感動を呼ぶ。
生き物の目線から見た
大自然の美しさのエピソードを豊かに伝える、
日高ワールドの自伝的エッセイ群。